鳥類学が教えてくれる

「鳥」の
秘密事典

イラスト 陳湘静
文 陳湘静、林大利
監修 今泉忠明　訳 牧髙光里

噢！原來如此
有趣的
鳥類學

# Contents

# 鳥を見るのがもっと楽しくなる

## 監修者　今泉忠明

動物学者。日本動物科学研究所所長、ねこの博物館館長

　みなさんは普段、どんな鳥を目にしますか？　一般の方に聞いてみると、まず名前があがるのが「スズメ、ハト、カラス」。ちょっと気をつければ、ワシ、タカ、フクロウ、カモ、シギ、チドリの仲間なども身近で見られると思います。

　これらの鳥は、本書にも登場します。そして、「当たり前にいるし、特別なことなんてない」と思われがちな鳥というものについて、知ると「ああ、そうだったのか」とすっきりすること、初め

て聞くとびっくりするような新しいことが網羅されています。コオバシギがクチバシを自分の意思で曲げられるというのには、僕も驚きました (p.26)。クチバシには硬いイメージがありますけど、それが曲がるんですから。

　羽をはじめとする体のことから、能力、習性まで、総合的にまとめられています。鼻がいいという話、DNAについても触れられていますね。資料を本当によく集めて書いてあって、まったく、たいしたものです！

スズメ

ハト

カラス

イラストもいい。さらっと描かれているようで、正確です。デフォルメもされているんだけれど、描かれているのがどの鳥か、見てすぐ分かります。鳥っていうのは、隠れていたり、飛んでいってしまったりして、一瞬しか見えないことが多いんです。だから腰のところの色とか、ほんの一部しか印象に残らないのですね。この著者は、よく見て描いています。全体の特徴をつかんで、イラストで表しているから分かりやすい。

　マンガ風に描かれていることで、鳥の行動もすごくよく分かります。オナガセアオマイコドリが2羽でどんなふうに踊るのか (p.115)、キーウィがどこまで食べ物のにおいをかぎつけるのか (p.49)、なんて文字だけで読んでも想像しにくいですよね。

　そうそう、オナガセアオマイコドリは中米、キーウィはニュージーランドの鳥です。こういった身近にいないものは、かなりユニークですから、知っておくと、鳥の世界の幅広さが実感でき

オナガセアオ
マイコドリ

キーウィ

ます。鳥は「羽があって足が2本で、どれも同じように見える」と言われることもありますが、「いろんな鳥がいる！」ということが分かるはずです。

　このような海外の鳥の興味深い生態も、よく網羅されているので、僕が知っていて書かれていないのは、ツカツクリぐらいですね。これはキジの仲間ですが、オスが、足で落ち葉と土をけって、高さ1m以上の山を作るんです。そして、そこの頂上にメスが卵を産む。落ち葉が発酵するときの熱で、卵をかえします。僕はインドネシアのコモド島に行ったときに見たんですが、てっきり古代人のお墓だと思ったんです。塚に登ると、頂上がくぼんでいて、鳥はいない時期だったので、すぐにツカツク

リの塚とは分かりませんでした。大きいとは聞いていましたが、これほどまでとは思わなかった。ちなみに、この鳥でもう一つ有名なのは、オスが卵のある塚を世話すること。クチバシで温度を計って、暑すぎたら落ち葉をどけて、冷えたら落ち葉をかけて、温度を調整するんです。それで卵が孵化（ふか）すると、ヒナたちは親子の会話もせずに、そのまま走って森に消えてしまいます。

　他の鳥の巣にも面白いものがありますから、この本 (p.116) や実物をチェックしてみるといいですよ。

　さて、本書は台湾で書かれたものの翻訳ですが、台湾と日本の本土には、多くの共通種がいます。冒頭にあげた以外にも、キジ、モズ、キツツキなど、お

なじみの鳥がたくさん見つかるでしょう。スズメも世界各地にさまざまな種がいますが、日本や台湾の都市部にいるのは、同じ「スズメ」です。ただ、台湾と日本の与那国島、西表島は距離が近いのですが、生息する動物はかなり違います。でも、鳥は飛べるので、共通種もいればそれぞれ固有の種もいます。

　鳥の種類が分かるというだけでなく、総合的なことを理解しておくと、鳥を見ることがもっと楽しくなります。この本に書いてあることを知っていれば、動いたり鳴いたりしている鳥に出会ったとき、「なんでこんなことをしているんだろう？」と考えるようになります。そう考えられることが大事なんですね。鳥の本はたくさんあるけれど、本書のようなアプローチを、僕は他に見たことがないです。これはいい本。鳥が好きな人、そうでなくても、ちょっと自然に興味がある人はぜひどうぞ。

キジ

モズ

キツツキ

前書き

# 私の目に映る鳥の世界をイラストで

## 原著者の一人　陳湘静

<ruby>陳湘静<rt>チェン シャンジン</rt></ruby>

国立台湾大学 森林環境・資源学部卒業、鳥の研究経験があるイラストレーター

　いつからバードウォッチングをするようになったのか、よく覚えていません。子どものころ、田舎で知らない鳥を見つけるたびに図鑑をめくり、調べていたのだけは記憶に残っています。

　コジュケイにハクセキレイ、クロガシラ、シロガシラクロヒヨドリ、さっきのあの鳥は……トラツグミっぽかったなあ！　こんな調子で、気がつくといつも鳥を目で追っていました。鳥たちのいろんな姿を望遠鏡越しにのぞき見ては、その愛くるしさや美しさ、かっこよさに惚れ惚れしたものです。しょっちゅうレンズの前でニヤけながら、鳥たちに出会ったシーンを記憶に刻んでいきました。そして、鳥に関する研究論文を読むのは私の趣味になりました。

　おもしろそうな鳥を見たとき、まず私の頭に浮かぶのは「わ！　どんな研究成果があるか調べてみなくちゃ」ということ。外に鳥を見に行かない日は、家で論文を確認しています。これもまた、一つのバードウォッチングです。資料を読みながら想像したことが、頭の中のさまざまな考えとぶつかったり混ざりあったりしてアイデアが次々とわき、どんどんたまっていきました。こうしたアイデアを、イラストに変換するのに2年かかりました。大利にたくさん助けられながら、台湾内外の研究成果と鳥類学の知識を整理し、一つにまとめたのがこの本です。イラストと文章の両方から、鳥類の知識という小宇宙を読者が気軽に探索できれば幸いです。

また、本書の内容はすべて、たくさんの鳥類学者の献身の上に成り立っています。研究作業の大半は骨が折れることばかりで、ちっとも楽しくなかったかもしれません。計画や資料の収集、データ分析などはどれも、想像を絶する苦労をともないますが、避けては通れない道です。こうした研究の蓄積がなければ、私たちが鳥たちの本来の姿を知ることもないのです。最初は点だった一つ一つの研究の成果が、点からゆっくりと線になり、線が面になって、私たちの知識を徐々に広げてくれています。

　この本も、そんな物語が積み重なってできたものです。今これを読んでくださっているあなたが鳥に興味があろうがなかろうが、鳥たちは私たちの身の回りにいて、私たちと同じようにこの星で生活し、生きて子孫を残そうと頑張っています。この素敵な生き物のことを、読者のみなさまに気軽に知っていただきたくて執筆しました。本書がきっかけで鳥の見方が変わったり、他の生き物への興味がわいてきたりしたら、本当に嬉しく思います。さあ、ページをめくって、一緒に鳥類の世界へと足を踏み入れましょう！

# 誰かに話したくなる、おもしろい鳥知識

## 原著者の一人　林大利
リンダーリー

特有生物研究保育センター アシスタント研究員、
オーストラリア クイーンズランド大学 生物科学専攻 博士課程

　私は、鳥類を研究対象に選んだ研究者、そしてバードウォッチングが趣味の自然愛好家です。鳥の観察を始めたのは高校1年生のとき（2001年）で、ずいぶん前から私の生活のかなりの部分を鳥が占めていました。数えてみたところ私は、世界各地で合計1027種、台湾で452種の鳥を見ています（2022年時点）。

　生まれて初めて見る鳥のことを、バードウォッチングの世界では「ライファー（Lifer）」と言います。ライファーを何羽見られるかということが、ほとんどのバードウォッチャーの頭にあるでしょう。鳥を見るときの私の気持ちは、半分が「もうひと踏ん張りしよう！」で、もう半分が「あとは運任せだ！」です。野鳥情報を頼りに現地に突撃し、大砲のような超望遠レンズを何本も使って希少な鳥を観察するときもあれば、遊びに行くついでに意外な出会いがあったらいいな、ぐらいに考えているときもあります。いずれにせよ、どのライファーも私の心に深く刻まれていて、当時の情景、一つ一つを今も覚えています。

　バードウォッチングはこのように、楽しくて恨めしい活動です。鳥の識別法を学ぶだけでなく、鳥に関するさまざまな知識を得ること、ひいては鳥に対する理解をもっと深める研究を計画することについても、私はまだまだ尽力するつもりです。それだけでなく、私はラッキーなことに、環境問題に関心があるたくさんの鳥類愛好家たちと、新たな発見や情報を共有できる機会にも大いに恵まれています。多くの愛好家はどうやら、バードウォッチングをやりながら、

鳥類学についてもっと知りたいと強く願っているようです。

　ですから、私はこの本のお話をいただいたとき、ワクワク感と期待でいっぱいになりました。湘静のかわいくてユーモラスなイラストと分かりやすい文章によって、鳥知識が詰め込まれた本の制作にチャレンジできるからです。この本の目的は鳥を紹介することでも、堅苦しい授業をすることでもなく、私たちが研究を通じて発見した、おもしろい鳥知識をみなさんと共有することです。

　そんな知識を、私たち研究者が仲間内だけで楽しんで、他の人に伝えなかったら、やはりちょっと身勝手ですよね。あなたが、どんな理由で鳥の観察を始めていても、あるいは鳥をじっくり観察したことがなくて

も、私たちがこれから始める鳥の話に耳を傾けてくれると嬉しいです。

　鳥はかくも人を引きつける存在です。鳥にまったく興味がない人も、鳥を無視することはできないでしょう。大小さまざまなこの生き物が、大きな存在感を示しながら私たちとともに生活しています。そして、鳥の観察は、0歳から100歳まで楽しめる健康的な趣味です。もしよかったら、鳥の愛好家たちと一緒に鳥を見に出かけてみませんか。彼らは喜んであなたに望遠鏡をのぞかせてくれるでしょう（ですよね？）。みなさまが「鳥運」に恵まれますように！

推薦

袁 孝維 (国立台湾大学 森林環境・資源学部 教授)
「一度開いたら手放せない、読み終わるまで止められない、しかも何度も読み返したくなる、そんな本。しゃれっ気のある文章でつづられた豊富な内容と正確な情報が、ユーモアたっぷりのイラストと一体になっています」

丁 宗蘇 (国立台湾大学 森林環境・資源学部 教授)
「趣味と実益を兼ね備え、読者の年齢層を問わないこの本を手に取ってほしい。あなたが人生で出会うすべての鳥が、あなたを笑顔にする妖精や友達になってくれるはずだ」

洪 志銘 (中央研究院生物多様性研究センター 副研究員)
「この本が三つの要素 ―― ユーモアのある読みやすい文、愛嬌のある生き生きとしたイラスト、客観的な研究データ ―― を結びつけて、鳥類学の知識を読者の頭に軽々とプリントしてしまうことに、私は興奮している。この本は、私の子どもや多くの読者にもってこいの入門書だと確信している (私の学術論文よりふさわしいと涙を呑んで認めよう)」

# 00

鳥類って、そもそも何？

# 恐竜は絶滅していない？

　鳥、それは紀元前から人を魅了してやまない生き物です。エジプトの古代文字、ヒエログリフにはさまざまな鳥が使われ、中国最古の字書『爾雅』は、「二本足で羽があるもの」を鳥と定義しています。

　そして現在、動物に興味がなくたって、「普段の生活で、鳥を目にすることは全然ない」という人はいないでしょう。恐竜好きの人ならなおさら、あっちこっち飛び交う鳥たちを見逃せないはず。だって、鳥は「生きている恐竜」ですからね。

　鳥類の起源をめぐっては、長い間、論争が繰り返されてきました。しかし、裏付けとなる化石が次々と発見された結果、ようやく「鳥は恐竜、中でも獣脚類の生きている子孫です！」と胸を張って言えるようになりました。約１億5000万年前に生きていた獣脚類のどれかが、今いるすべての鳥に共通する祖先です。恐竜は長い年月をかけて、私たちが今見ているいろんな鳥へと進化して、大空を支配したのです。

# 鳥は爬虫類なの？

　本やウェブサイトを見ると、鳥は「鳥綱(ちょうこう)」に分類されると書かれていることがあります。一方で、「爬虫綱」というグループもあり、ヘビやカメ、ワニ、トカゲの他、大昔に絶滅した恐竜も含まれています。鳥は恐竜の子孫ですから、本来は「爬虫綱」のはずなんですが、生物学者や分類学者の間で、鳥はあまりにも変わっているから、別途「鳥綱」を設けましょうよ、という話に一度はなりました。

　ただそうすると、「共通の祖先を持つ生物のグループ全体を、一つの『単系統群(monophyletic group)』とする」という分類のルールから外れてしまいます。つまり、鳥を鳥綱として独立させると、爬虫類は「側系統群(paraphyletic group)」と呼ばれる歯抜けの分類群になるのです。

　そのため近年では、鳥を爬虫綱の中の「鳥亜綱」に分類することもあります。そして、さらに新しい分類も模索されています。

# 古典的な分類方法

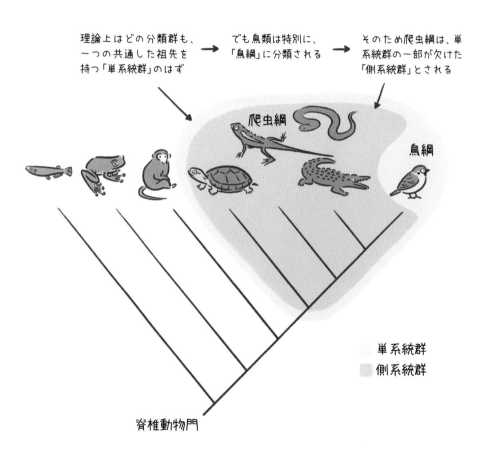

理論上はどの分類群も、一つの共通した祖先を持つ「単系統群」のはず　→　でも鳥類は特別に、「鳥綱」に分類される　→　そのため爬虫綱は、単系統群の一部が欠けた「側系統群」とされる

爬虫綱

鳥綱

単系統群
側系統群

脊椎動物門

19

# コロコロ変わる鳥の分類

国際鳥類学会議（IOC）による世界鳥類リストでは、絶滅種を含めて1万1093種もの鳥が44「目」に分類されています[1]。しかも、鳥たちの約半分は「スズメ目」という巨大な目に属します。

DNAなどを用いた分子系統学の研究が進み、学者たちは今、鳥の分類を見直す作業でてんやわんやです。姿がそっくりで同じ鳥だと思っていたら、実は別種だったというケースが相次いでいます。

チベットに住むヒメサバクガラスは、以前はカラス（烏、鴉）の仲間と思われていて、中国語でも「地鴉」と呼ばれていました。ところがDNA分析でシジュウカラ（中国語で「山雀」）に近いことが分かったため、急ぎ「地山雀」に改名されています[※]。

また猛禽類のハヤブサも、タカにそっくりだったのでタカ目に分類されていましたが、オウムの近縁種だったことが分かってタカ目から外され、オウム目の隣に、新しくハヤブサ目が作られました。他にも「アカハラヤイロチョウ」と呼ばれていた鳥が、研究結果が出て即、13種に分かれてしまったという話もあります[2]。

鳥の種類は世界中で増え続けています。見た目がよく似た鳥について「野外では見分けがつかないが、DNA分析で別種だと確認済み」などと書かれた図鑑もあるくらいです。全部の分類が終わるころには、世界の鳥類は2万種に膨れ上がっているんじゃないかと研究者たちは予測しています。もちろん、地球上の鳥の種類が増えるわけではなく、鳥への理解が進むからです[3, 4]。

鳥の親戚関係に興味が湧いてきたら、「OneZoom」（https://www.onezoom.org/）の鳥類分類ツリーを眺めてみるといいですよ。

※2022年現在、和名はヒメサバクガラスのまま。英名は多数あり、カケスの仲間とされていたこともあるが、今はシジュウカラを指す「tit」を含む名前が主流

前は全員「アカハラヤイロチョウ」って呼ばれてたのに、みんな別の鳥だったんですって

# 進化と分類のイメージ

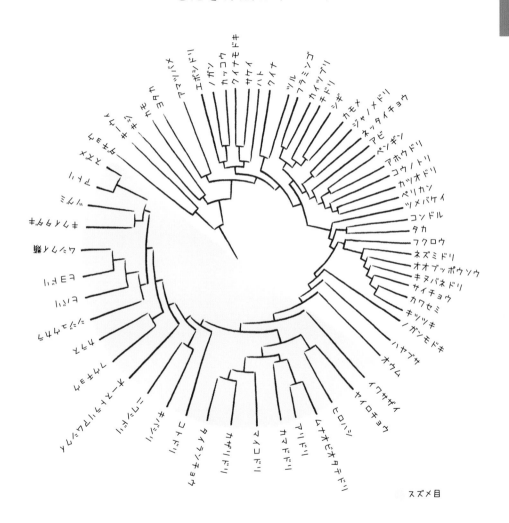

スズメ目

# 鳥に国境はないけれど

鳥類は飛ぶために誕生しました。「飛ぶこと」が移動距離を飛躍的に伸ばし、海や砂漠、高い山といった地理的な障害物も軽々と越えられるようになりました。ただ、ずばぬけた飛行能力があるとはいえ、鳥が生きていけるかどうかは地形や気候、食べ物、繁殖条件などに左右されます。だから、94%の鳥は、地球上でどれか一つの大陸にだけ生息しています。

実は、ウやハヤブサのように、南極を除く五大陸に広く分布している「汎存種」は少数派。ハワイ北西諸島の一つ、面積が約4km²のレイサン島でしか見られないレイサンマガモのように、限られた島などのエリアにだけ住んでいる「固有種」もいます[5]。

そうして各大陸で、独自の種構成ができあがっています。鳥の多様性で言えば中南米が一番で、世界の鳥の約3分の1、約3700種が生息しています。

興味深いのは、近縁種でもなく生息地も違うのに、見た目がそっくりの鳥がいること。たとえば北半球のウミスズメと南半球のペンギンは、どちらも流線形のガッチリした体をしていて、海に潜って魚を捕まえるところも同じです。アメリカのハチドリと、ヨーロッパからアジア、アフリカにかけて生息するタイヨウチョウはどちらも、花の蜜を吸うための特殊なクチバシをしています。

これは「収斂進化(convergent evolution)」のなせる業です。違う生き物なのに、住む環境が似ていたために見た目がそっくりに進化するとか、同じような行動をするようになることを言います。

生活環境が似ていると
見た目や行動も似てくる

ホウジャク

ハチドリ

タイヨウチョウ

# 鳥類の分布は、地形や気候、食べ物や繁殖条件などに影響される

**ウミガラス**
北極圏付近の海域に分布

**エンビタイヨウチョウ**
中国やベトナムに分布

**レイサンマガモ**
レイサン島だけに分布

**キジオライチョウ**
アメリカ西部に分布

**ノドアカハチドリ**
アメリカ東部に分布

**ヤツガシラ**
ヨーロッパ、アジア、アフリカに分布

**カタカケフウチョウ**
ニューギニアに分布

**オナガセアオマイコドリ**
中米に分布

**コウテイペンギン**
南極に分布

**コトドリ**
オーストラリアに分布

**キーウィ**
ニュージーランドに分布

**オニオオハシ**
南米に分布

23

*01*

# 第1章　鳥の体の不思議

# クチバシは、とっても大事な5番目の手足

前足が翼に変わったために「両手」を得るチャンスを失った鳥は、代わりにクチバシを駆使するようになりました。

ですが哺乳類と違って鳥に歯はないので、何かを食べるとき、クチバシをピンセットのようにして獲物をつまんだり、肉を引きちぎったりすることしかできません。ですが歯がない分だけ体が軽いので、飛ぶにはとても有利です。

環境によって、食べ物探しの習性は異なり、クチバシもいろんな形に進化しました。たとえば、猛禽類はマッチョなだけでなく、クチバシがカギ状になっていて、肉を引きちぎりながら食べます。ハシビロガモはクチバシで水中のプランクトンを濾し取り、ハチドリは細長いクチバシを花の奥に差し込んで蜜を吸っています。

つまり、どのクチバシも自分の食べ物が食べやすい形状になっているのです。そしてクチバシは、ものをつまんだり羽づくろいしたり、巣を作ったりするときにも重宝する、鳥にとって欠かせない「手」の役割も担っています。

クチバシは、骨が角質（ケラチン）で覆われているもので、その間を血管と神経が通っており、頭蓋骨よりもフレキシブルに動きます。この柔軟性が、獲物を捕るときに大活躍。水鳥の中には上クチバシを曲げられるものもいます。こうした「リンコキネシス（rhynchokinesis）」は、水鳥が大小さまざまな獲物を捕まえるときに力を発揮しています[6]。

水鳥にはクチバシを自分で曲げられるものもいる

コオバシギ

元からこんな形

ソリハシセイタカシギ

いろんなクチバシがあるけど、
どれもこれも食べ物を捕まえるための大事な道具

オニオオハシ

ハクセキレイ

ニュウナイスズメ

カワセミ

クロハサミアジサシ

ハヤブサ

ノドアカハチドリ

コシグロペリカン

コアホウドリ

ハシビロガモ

キバタン

ダイシャクシギ

オオアカゲラ

# つま先立ちするスリムな足

鳥は「趾行性（digitigrade）」の動物で、歩くときに足のつま先（趾）だけを地面につけます。犬や猫、そして恐竜もそうです。人は「蹠行性（plantigrade）」で、歩くときはつま先からかかとまでを地面につけています。ですから、ウソだと思うかもしれませんが、私たちが普段見ている鳥の足で、体に一番近い部分がすね、次が足の甲や裏に当たります。地面につくのはつま先だけで、太ももやひざは羽毛に覆われてしまっているのです。ちなみに馬は「蹄行性（unguligrade）」で、指のツメ、つまり蹄だけを地面につけて歩きます。

木をねぐらにする小鳥が「しゃがむ」と、つま先につながっている腱が引っ張られてツメが内側を向き、自然に枝をガッチリつかむ仕組みになっています。ですから、眠っていてもうっかり落ちる心配はありません。目を覚まして足を伸ばしたら、ツメが勝手に開き、飛行準備が完了！

寒いところに住む多くの水鳥は、休憩中や睡眠中に片足立ちをしています。地面との接触面積を減らし、熱が体から逃げにくいようにするのです。

そして、足の血管の「対向流熱交換系（countercurrent exchange）」がエネルギーのロスを防いでいます。足の動脈と静脈は隣りあっているため、動脈の温かい血液が足の先へ流れるときに隣の静脈血へ熱が伝わり、つま先の温度が環境温度に近づくという仕組みです。

また、フラミンゴが一木足で立っているときには、自分の筋肉を使わずに体重を支え、バランスを取っています。両足で立つよりも体力を消耗せず、安定感も増すのです[7]。

フラミンゴは
片足立ちのほうが
安定するのよ

キミがすねだと思っているのは
実はボクの足の甲や裏なんだ

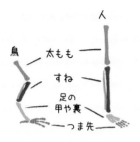

鳥　　人
太もも
すね
足の
甲や裏
つま先

木の枝に止まったまま眠るの
だって余裕だね！　Zzz……

立った
状態

しゃがんだ
状態

腱が
引っ張られる

足を曲げるとつま先が自然に
曲がって木の枝をつかむ

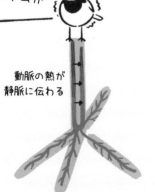

寒ーい！
でも足には暖房システムが
ついてるもんね

動脈の熱が
静脈に伝わる

足の裏の温度は周囲の温度
よりちょっと高いぐらい

# 鳥を鳥たらしめる羽毛

羽毛は、鳥が空を飛ぶために、なくてはならないものです。ただ、羽毛を持つのは鳥だけではありません。およそ2億年前にはすでに、恐竜が羽毛に似た器官を持っていました。鳥と恐竜の羽毛の違いは、その構造が複雑か否かだけだったと考えられています。恐竜の持つ羽毛には、爬虫類のウロコのようなもの、あるいは現在の鳥の羽毛に非常によく似たものもありました[8]。

鳥はほぼ全身に羽毛をまとっており、一本一本の羽毛が集まった全体は「羽衣（plumage）」と呼ばれています。羽毛は飛ぶためにだけでなく、断熱材としても働きます。

人は、鳥の羽毛でダウンジャケットや布団を作りますね。それは羽毛に保温効果があるからです。

ニューギニアに生息するフウチョウの仲間のオスは、華麗な羽毛をメスに見せて、求愛の「ディスプレイ」をします。鳥によっては、周囲の環境に紛れやすい色や模様の羽毛で天敵を欺きます。あるいは、羽毛の色つやが、健康状態のバロメーターになることもあります。一口に羽毛と言っても、鳥の体にはいろんな種類の羽毛が生えていて、次のようなものがあります。

## 1. 正羽 contour feather

鳥の外側から主に見える羽毛で、体の左右で対称的に生えることが多い。中央にはっきりと羽軸が通っている。根元に柔らかい後羽があると、保温になる。胴体の体羽、飛ぶための風切羽や尾羽などに分けられる。

## 2. 風切羽 flight feather

飛ぶのに使われる風切羽は左右非対称の形をしている。翼の先から順に、初列風切、次列風切、三列風切に分けられる。

## 3. 綿羽 down feather

羽軸はほとんどなく、柔らかくふわふわしていて、保温が主な役割。

## 4. 半綿羽 semiplume

羽軸ははっきりしているが、正羽ほど繊維が詰まっておらず、ふわふわしている。

## 5. 糸状羽 filoplume

細長く柔らかで、先が枝分かれしている。周りにあるものや空気の変化を感知する役割を担う。

## 6. 剛毛羽 bristle

通常は羽軸のみでできている。中でもクチバシの近くに生えているものは、周囲の変化を感じ取り、飛ぶ昆虫を狩るのに役立つ。猫やネズミのヒゲのようなもの。

# シロアゴヨタカのいろんな羽毛

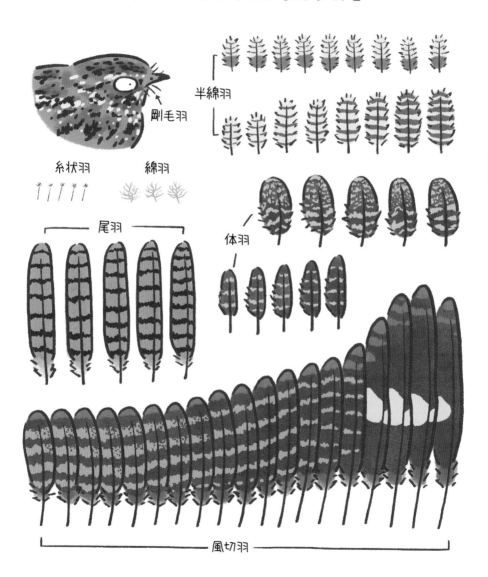

半綿羽

剛毛羽

糸状羽

綿羽

尾羽

体羽

風切羽

# 鳥のすごいステルス術

自分の居場所を隠していて、目立たないものが天敵に食べられにくいため、鳥の羽毛や卵が周囲の環境に溶け込んだようになっていることがあります。これを「カモフラージュ（camouflage）」と言いますが、自分の意思でやっているわけではありません。

地面に卵を産むヨタカや雪山に住むライチョウ、木の上に住むフクロウの仲間やタチヨタカなどは、みんな風景に溶け込む達人ですが、姿勢や動きまでが背景に似ている鳥もいます。たとえば、草むらの中で首を伸ばし、クチバシをピンと上に向けて立っているリュウキュウヨシゴイは、風が吹くと、草がそよぐのに合わせて自分も体を揺らします。

また、多くのチドリの仲間の首の辺りにある黒い帯状の模様には、自分の輪郭を視覚的にぼかす効果があります。彼らは地面に直に卵を産みますが、ヒナの羽毛の色や柄も、やはり周りの環境とよく似ています。

風景に完全に溶け込むには、その前にベストな隠れ場を決めておくのが大事です。同じ種類の鳥でも羽毛や卵の柄は少しずつ違っていて、ヨタカやチドリ科の鳥は自分の体の色や卵の柄に一番合った場所を選ぶことが分かっています。つまり鳥によって、気に入る場所は少しずつ違うのです。石ころや砂だらけで、私たちにはどう見ても同じにしか見えない場所でも、ヨタカの目には全然違う風景に映っているのでしょう[9]。

どこに隠れたらいいかしらん？

# カモフラージュのプロフェッショナルたち

リュウキュウヨシゴイは
首を伸ばして草むらに隠れる

シロアゴヨタカは本当に
見つけにくい

コチドリを見ても、黒い帯状の柄の
せいで、体の輪郭が分かりにくい

チドリ科の卵とヒナは
周囲の環境と一体化

雪上のライチョウ

ハイイロタチヨタカは
木の幹に似ている

シロチドリのヒナ

ムナグロのヒナ

アメリカオオコノハズクは
まさに木の幹

# 衣替えはアリ派？　ナシ派？

羽毛は日々、太陽や風雨にさらされるので、時とともに色あせたりすり減ったりします。特に羽毛の先端や縁はよく傷むものです。そこで、鳥は各部位の羽毛を新しいものにする「換羽」をおこない、常にベストな状態を保っています。

すべての鳥で、同じように羽毛が生え変わるわけではありません。水鳥の多くは通常、1年に2回、換羽します。彼らは繁殖期の前になると鮮やかな繁殖羽に衣替えし、繁殖期を終えると冬支度を始めて、周囲の環境によく似た灰色の羽毛で身を包みます。

一方でスズメのように、年がら年中、同じ柄でいる鳥もいます。スズメの羽毛は繁殖期でも特別な色にはならないのです。

新しい羽毛が生えるときには体に負担がかかるので、換羽は通常、鳥が一番忙しく動き回っている繁殖期と渡りの時期には起こりません。また、巣立ったばかりの鳥の羽毛は成鳥よりも暗い色をしており、生殖が可能な年齢になるまでに何度か換羽して、ようやく立派な成鳥になります。大人の羽に完全に生え変わるのにどれくらいかかるかは鳥によってまちまちで、大型の猛禽類のハクトウワシだと約5年もかかるのです。

## ハクトウワシが青年から大人になるまで

1歳　　　　　　　3歳　　　　　　　5歳

水鳥の多くは1年に
2回、羽が生え変わるよ

冬のツルシギは
灰色の非繁殖羽

スズメは羽が生え変わっ
ても見た目がほとんど
変わらないんだ

夏になると美しい
繁殖羽になる

どちらさま？

# 骨格は細部までよくできている

鳥の骨は中空になっていますが、内部を多くの柱で支える構造で、飛行に必要な強度と軽量化を同時に実現しています。ただ、ペンギンなどの飛べない鳥の骨は、中空構造になっていません。

また鳥には、複数の骨を一体化（進化の過程で癒合）したものも見られます。たとえばニワトリの翼の先端にある、肉がまったくついていない部分は、「手根骨(carpal)」と「掌骨(metacarpal)」という２本の骨が癒合してできた「腕掌骨(carpometacarpus)」です。骨を一体化すると軟骨と靭帯の数を減らせるので、体が軽くなるうえ、骨の強度も維持できます。鳥の肋骨の間にある「鉤状突起(uncinate process)」は、肋骨をつなげるとともに、全体の強度としなやかさを高めています。

故事成語で「鶏肋」とは、「たいして役に立たないが、捨てるには惜しいもの」を言いますが※、鳥にとって、肋骨は重要な器官です。肋骨の内側には肺につながる気嚢という呼吸器官があって、吸い込んだ空気をためて呼吸を助けているからです。鳥は人と違い、息を吐くときも吸うときも気嚢から肺に新鮮な空気を送って、心肺の循環効率を上げています。

翼を羽ばたかせなければ、鳥は飛び立つことができません。このときに大きな役割を果たしているのが「肩甲骨(scapula)」と「叉骨(furcula)」と「烏口骨(coracoid)」で構成された部分、そして「胸骨(sternum)」にある「竜骨突起(keel、carina)」です。飛行に欠かせない筋肉は、これらの骨組みにくっついています。

キーウィのような飛べない鳥は、この骨格があまり発達していません。一方で、極めて高度な飛行技術を誇るヤリハシハチドリは、体全体に占める胸骨の割合が鳥の中で一番大きいことで知られています。ニワトリを丸ごと１羽食べる機会があったら、骨格や筋肉の形、位置関係をよく観察してみるのも悪くないですね。

※魏の曹操は、蜀との戦いの合間に、「鶏肋（ニワトリの肋骨）」とつぶやいたと伝わる。それを聞いた臣下は、蜀の価値が、ダシを取るぐらいしかできない骨のようなものと解釈し、撤退の準備をした

飛べないキーウィ
胸骨が平ら

飛行技術がハンパない
ヤリハシハチドリ
突起

VS

# 骨格を見ると、鳥類が独特の進化を遂げたことがよく分かる

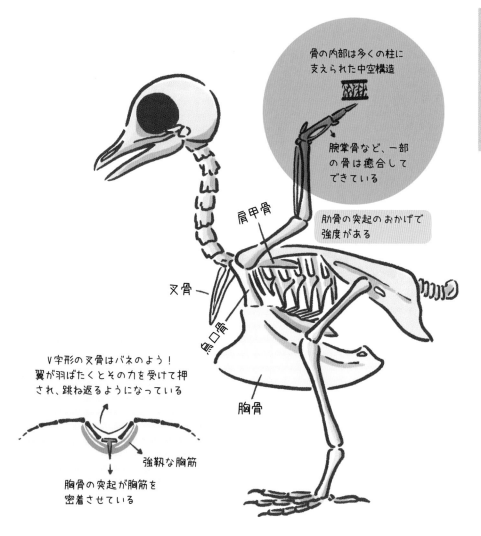

骨の内部は多くの柱に支えられた中空構造

腕掌骨など、一部の骨は癒合してできている

肋骨の突起のおかげで強度がある

肩甲骨

又骨

烏口骨

V字形の又骨はバネのよう！翼が羽ばたくとその力を受けて押され、跳ね返るようになっている

強靱な胸筋

胸骨の突起が胸筋を密着させている

胸骨

# 視界が広い!

大多数の鳥は、狩りも飛行も求愛も、そして逃げるときも、視覚に頼っています。鳥はたいてい大きな目をしています。たとえばダチョウの眼球は人の眼球の約2倍、自身の脳みそよりも大きいのです[10]。まん丸い大きな目が、広い視野とくっきりとした映像を見せているはずです。

ほとんどの鳥の目は、頭の両側についています。そのおかげで、広い視野から天敵を素早く察知できるわけですが、半面、両目で見える範囲が狭いので、距離がつかみづらいという欠点があります。また、鳥の眼球は動かせる範囲が狭いので、人のように目玉を動かして視点を変えることもできません。

でも、よく動く首がこうした弱点を補っています。たとえば、フクロウは片目でものを見るとき、ときどき頭を左右に動かして、見る角度を変えながら距離を測っているのです。ハトは歩くときに頭を固定させるので、体が前に出ても、まずは、頭の位置をそのままにします。こうすることで視野が安定し、視界がぶれにくくなります。

チュウヒやフクロウなどの猛禽類の目は、人と同じように頭の前側についています。両目で見える範囲が他の鳥より広く、ものを立体的に見ることができるので、獲物の位置や距離を判断するにはもってこいです。一方、アメリカヤマシギの視野はなんと360度！前を向いたままで後ろが見えるのです[11]。

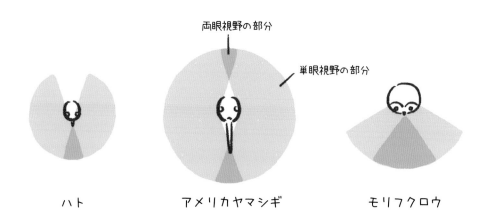

両眼視野の部分

単眼視野の部分

ハト　　　　アメリカヤマシギ　　　モリフクロウ

# 視野には三つのタイプがあるのだ

キミを見てるよ！

全然見えない……

それでも見えるし！

オレの頭、
270度回転するんで！

# 鳥には人と違う色が見える

人には同じにしか見えないそっくりな鳥がいますが、鳥の目にはオスとメスの区別がはっきりとついています。

その秘密は、鳥の目が人には見えない「紫外線 (ultraviolet、UV)」を識別できることにあります。人の眼球内の錐体細胞が捉えるのは可視光線だけですが、鳥は紫外線も見ているのです。

鳥が紫外線視覚で見ている世界は、私たちが見ているそれとは全然違います。東南アジアに生息するルリオハチクイの羽は、オスもメスも同じ色をしていて、人の目では性別を判断できません。ですが鳥の目には、オスとメスはまったく違うように見えています[12]。

チョウゲンボウは、アメリカハタネズミを探すときに紫外線視覚を使います。アメリカハタネズミには犬と同じようにあちこちにおしっこをひっかけてマーキングする習性があり、その尿が反射している紫外線をたどられてしまうのです[13]。

また、カッコウのように、自分の卵の世話を他の種の鳥にさせるものもいますが (p.136 参照)、その托卵された鳥が、自分の産んだ卵とそうでない卵を紫外線視覚で見分けて、カッコウの卵を巣から落とすこともあります[14]。

紫外線視覚でヒナの成育状況を判断している鳥もいます。ホシムクドリのヒナは体重が重いほど紫外線を反射するので、繁殖期が終わりに近づくと、親鳥は紫外線反射が強いヒナに優先的に食べ物を与える傾向があります。つまりこのころになると、体の強い子どもに投資するほうがいいと判断しているのでしょう[15, 16]。

ボクらには見えるんだ

オスとメスでは
紫外線反射が違う

あらイケメン！

かっ、かわいい♥

ルリオハチクイ

ハタネズミの尿痕は
紫外線を反射する

近くに
ハタネズミが
いるぞ！

チョウゲンボウ

托卵された卵が、紫外線
反射の強さで見破られ
ることがある

ムムム？
この卵あやしいわ

ヨーロッパヨシキリ

ヒナの紫外線反射の強さは、
その健康状態で決まる

ボクにも
ちょうだいよ！

どの子にあげよう
かしらね

ホシムクドリ

# 耳はどこに？　情報を受け取る聴覚

耳から受け取る音は、鳥にとって重要な情報源です。鳥はノド自慢なだけでなく、聞き上手でもあるのです。聞こえる音の範囲は鳥によって多少違いますが、ほとんどの鳥は1000〜5000ヘルツの周波数に最も敏感に反応します。人の聴力とほぼ同じですが、音調やリズムを聞き取る力は鳥のほうが優れています。

けれど鳥の「耳」の場所を意識することなんて、滅多にありませんよね。鳥は人と違って、はっきりとした「耳殻」がないからです。実は鳥の耳は「耳孔」と言って、目の斜め後ろのほうにある小さな穴で、通常は羽毛に隠れています。フクロウの仲間には「耳殻」があるように見える鳥もいますが、トラフズクなどの頭に生えている、ウサギの耳みたいな部分は「羽角」という羽毛で、本物の耳殻ではないのです。

鳥の耳は、内部も人とはかなり違います。人の内耳にある蝸牛はらせん状をしていますが、鳥はまっすぐか少し曲がっているだけです。一般的には、複雑な鳴き方をする鳥ほど蝸牛が長く、複雑な音が分かります。たとえばヨーロッパコマドリは小さな体で、ニワトリよりも長い蝸牛を持っています。

蝸牛の中で重要なのは、音を感受する「有毛細胞」です。鳥類はこれを定期的に再生していますが、人にはできません。ですから人は、有毛細胞が傷ついたら聴力が回復することはないのです。人の耳が年を取るにつれ、周波数の高い音から聞き取りにくくなるのはそのためです。

また、音がどこから聞こえているのかを正確に知ることも、特に聴力で狩りをしているフクロウの仲間にとっては重要です。彼らの中には、耳孔の一方が少し高く、もう一方が少し低い位置についているものがいます。音の出どころを正確に判断するときに、この非対称の耳孔が大活躍しているのです。

また、夜行性のアブラヨタカは高周波の音を出し、その反響によって障害物までの距離を測っています（反響定位）。ですからコウモリと同じように、真っ暗な洞窟の中でも、どこにもぶつからずに飛べるのです[17]。

アブラヨタカは、反響定位をしながら飛んでいるよ

## 構造の違い

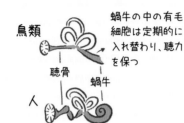

鳥類

蝸牛の中の有毛
細胞は定期的に
入れ替わり、聴力
を保つ

聴骨

蝸牛

人

### 本物の耳はどこだ

→ ただの羽毛

実はココ

耳孔の場所が左右
非対称である場合

フクロウやミミズクには耳孔の
位置がずれているものがいる。
音の発生源を突き止めるのに、
このずれが役立つ

HOO
HOO
HOO

トラフズク

# クチバシは人の指並みに敏感?

皮膚、舌、両足、クチバシなど、鳥の体のそこかしこに感覚器官がありますが、中でもクチバシに備わった触覚は、とても気になるところです。

クチバシを単なる「いろんな形の骨」だと思っていたら大間違い。コオバシギなどのシギの仲間、ガン、トキ、キウィといった、水中や土中や干潟などにいる獲物を探す鳥は、そのクチバシの先にあいた小さな穴に、膨大な数の感覚点を忍ばせています。ですからクチバシの先は、人の指先のようにとても敏感です。$1cm^2$ 当たり数百個もの感覚点があるクチバシで、泥地の内部の圧力変化を感じ取っている鳥もいます[18, 19]。

つまりこの手の鳥は、生き物が土中を動き回る気配をクチバシで感知して、効率よく捕まえているのです。視覚に頼りがちな私たちにはなかなか想像しづらい能力ですが、たとえて言えば「何かおいしそうなものはないかな」と、湿地に突っ込んだクチバシで「見て」いるのでしょう。

鳥は羽毛でも環境の変化をキャッチしています。ヨタカやゴシキドリ、アブラヨタカなど、クチバシの周辺に細くて長い無数の「ヒゲ」を生やしている鳥がいます。これは羽毛が進化したもので嘴毛と言い、その根元に密集している神経が、猫やネズミのヒゲと同じように、環境の複雑な変化を感知しているのです[20]。

## 環境の変化を察知するヒゲ

ツン！ ツン！ ツン！

クチバシの先端
には感覚点が密
に分布しているよ

コオバシギは触覚
を働かせて、泥地
に隠れている食べ
物を探すんだ

それ食べられるの？

!!!

ゲッ！ 激まず！

恐ろしい子……

# おいしさが分かる？　身を守る味覚

　鳥は食べ物の「おいしさ」が分かるのでしょうか。もちろんです。ただ、ちょっと鈍感です。鳥にも人と同じように、味を呈する物質を受け取る「味蕾（みらい）」がありますが、人の味蕾が約1万個あるのに対し、鳥には通常、300個ほどしかありません。鳥の味蕾は舌ではなく、クチバシの内側か口腔（こうくう）の奥のほうにあります。

　一般的に、生き物は味覚で自分の体を守っていると言われています。今食べている食べ物が「うまい」か「まずい」かだけでなく、「食べても大丈夫かどうか」を確認して、もし毒になるものなら、すぐに吐き出さなければならないからです。飲み込んでしまっては取り返しがつきませんから。ですから、小鳥が「まずい」昆虫や果実を吐き出していたら、身を守っているのだと思ってください。私たちが刺激の強すぎる食べ物

（激辛、しょっぱすぎ、甘すぎ）を食べたときに、思わず「ペッペッ」としたくなるのと同じですね。

　それなのに、食べ物をひと飲みにする鳥がいるのは興味深いところです。それが毒だったらどうするつもりでしょう。ひょっとしたら鳥は、食べ物の味に瞬間的に反応できるのかもしれません。あるいは口に入れる前に、仲間の反応をじっとうかがって、食べられるかどうかを見極めているとも考えられます。

　たとえばヨーロッパシジュウカラは、変なものを食べた仲間がそれを吐き出し、頭を振ったりしてがっかりしているのを見ると、32％は「あれは食べないほうがいい」と学習して、別のものを探します。こうした学習行動は自分を守るだけでなく、仲間の食べ物探しにも影響しているのでしょう[21]。

**あなたたち
もうちょっと察してよね！**

# 生き抜くための嗅覚

　ペコペコのおなかを満たすため、鳥は目で獲物を探したり、耳で獲物の小さな動きを聞き取ったりしていますが、嗅覚の鋭い鳥は、においでも食べ物を探しています。

　ニュージーランドの国鳥として知られる夜行性のキーウィは、空も飛べなければ目も悪いのですが、地面や落ち葉の中に隠れている虫のにおいを、クチバシの先にある鼻孔で嗅ぎ取っています。地表から3cm下にいるミミズのにおいも分かるのです[22]。

　死んだ動物を食べるヒメコンドルは、飛行中でも森の落ち葉の下にある腐肉のにおいが分かります。そこまで嗅覚が鋭くないクロコンドルなどは、食べ物を探すときにヒメコンドルについていきます[23]。

　ウミツバメやアホウドリなどの海鳥は、大海原の上空を飛んでいても鋭い嗅覚で食べ物を見つけています。中でもワタリアホウドリは、20km以上も離れたところにいる獲物のにおいを嗅ぎ取ることができるのです[24]。

　アオミズナギドリは暗闇の中、においをたどって、海辺の地下にある自分の洞穴にたどり着きます。それだけでなく、自分の卵のにおいも分かるのです[25]。嗅覚が優れている鳥は、前脳で嗅覚を司っている嗅球という部分が、そうでない鳥よりもかなり大きいことが分かっています。

　においにまつわる話はこれだけではありません。鳥は羽づくろいするときに、尾羽の根元にある尾脂腺から分泌される脂を全身に塗ります。すると、尾脂腺の中にいるさまざまな細菌が固有のにおいを出し、それが混ざりあって最終的にその鳥オリジナルのにおいになるのです。この細菌の集まり（細菌叢）が変化すると、その脂を塗った体のにおいも変わるので、パートナー選びにも影響します[26]。

キミ（のにおい）に首ったけ！

ユキヒメドリ

# においをたどって飛ぶよ

ヒメコンドルは遠方の死臭も
嗅ぎ取ることができるんだ

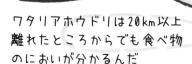

ワタリアホウドリは20km以上
離れたところからでも食べ物
のにおいが分かるんだ

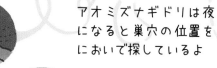

アオミズナギドリは夜
になると巣穴の位置を
においで探しているよ

キーウィは地表から3cm下にいる
ミミズのにおいも分かるよ

# 暑いときや寒いときはどうする？

鳥も人も恒温動物ですから、体温は一定に保たれています。鳥は代謝速度が速いので、体温は約39〜43℃の間と、哺乳類よりも高めです。

体の生理的な働きを一定に保つには、周りの温度変化に合わせて体温を調節する必要があります。人なら、気温が上昇して体温が上がれば汗をかいて熱を逃がしますが、鳥には汗腺がないので、体が溶けそうなほど暑くても汗をかくことはできません。

そこで鳥は、猛烈に暑いときには日陰に逃げる、活動量を減らす、水浴びをする、あるいは口を開けたまま息をしたりノドを震わせたりして体の水分を蒸発させる、羽毛が生えていない足やクチバシから放熱させる、といった方法で体温を下げています。

特殊な例として、アメリカトキコウは自分の排泄物を足に垂れ流して熱を吸収させています[27]。

また、オニオオハシの巨大なクチバシの内部には血管が無数に走っていて、体温が高くなりすぎると血流のスピードが上がって熱を逃がすようになっています[28]。

逆に寒くて凍えそうなとき、鳥はどうしているのでしょう？　羽毛を膨らませるとその隙間にたくさんの空気を取り込めるため、保温効果が上がります。冬場の鳥が太ったように見えるのはそのせいです。裸の足やクチバシを羽毛の中に収めても、体温が下がりにくくなります。確かに鳥の多くは、そんな姿勢で寝ていますね。たくさん食べたり、木の葉の間や木のうろに入ったりしても、体が温まります。

ミナミメジロやエナガなどの小型の鳥は、夜になると体を寄せあって一緒に眠ります。極寒の南極に住むコウテイペンギンのヒナは、数百羽が密集し、円陣を組んで体を温めあうので、中心部の温度は37.5℃にも達します[29]。

ボクも入れて！

# 死ぬほど暑いとき、どうする？

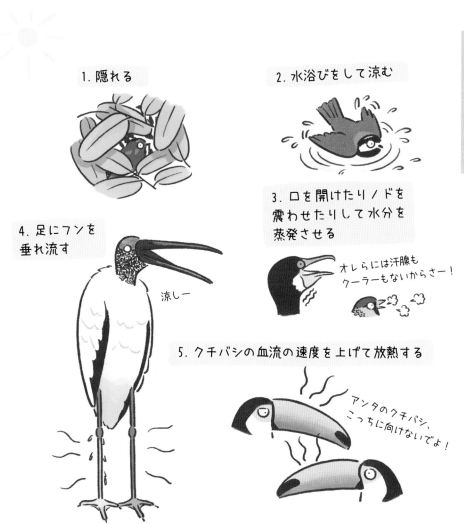

1. 隠れる

2. 水浴びをして涼む

3. 口を開けたり/ノドを
震わせたりして水分を
蒸発させる

オレらには汗腺も
クーラーもないからさー！

4. 足にフンを
垂れ流す

涼しー

5. クチバシの血流の速度を上げて放熱する

アンタのクチバシ、
こっちに向けないでよ！

# 鳥はどれだけ賢い?

鳥の脳みそはとても小さいのに、複雑な行動がたくさん見られるため、研究者たちは昔から深い興味を抱いてきました。

アメリカガラスは、人の顔を見分け、自分に悪さをした人の顔も覚えています。研究者が、あるお面をかぶってアメリカガラスに嫌がらせをするという実験をおこないました。少し日にちがたってから、お面をつけていない人を見せたところ、その人のことは攻撃しませんでした。しかし、お面をつけている人を見ると、誰がかぶっていても無差別に攻撃を仕掛けてきたのです[30]。

ユーラシアカササギは、鏡に自分自身が映っていることを認識できます。たとえば、顔の近くにマークをつけられて鏡の前に立たされた動物が、鏡を見てマークを触ったら、鏡に映っているのが「自分」だと認識したことになります。このミラーテストに成功した動物は今のところ多くはなく、ユーラシアカササギの他はすべて哺乳類です[31]。

カレドニアガラスは、道具を使って食べ物を手に入れます。木から枝を折り取ると、それを木の幹の割れ目に突っ込んで小さな虫をほじくり出すのです。小型のスズメ亜目の多くはメロディーを習得できますし、ヨウムは人の言葉をマネします。

研究によって、こうした能力は鳥の脳にある大量のニューロンと関係している可能性があることが分かっています。ペットとしてもおなじみのキバタン(オウムの一種)の脳とアフリカのショウガラゴ(小型霊長類)の脳の重さはどちらも約10gですが、キバタンの脳にあるニューロンの数はショウガラゴの2倍です。他にも、カラスやヨウムの前脳では、ニューロンの密度も比較的高いことが分かっています。ニューロンが密につながって、情報処理能力が向上したことが、鳥類の知的なふるまいに影響しているのかもしれません[32]。

脳のニューロンの数はショウガラゴの2倍

# 鳥はとっても頭がいいのだ！

ふざけるんじゃ
ないぞ!?
てめーの顔
忘れねえからな!!

アメリカガラスは自分を
馬鹿にした人の顔を覚えている

ムフッ
オレってなんてイケメンなんだろ

ユーラシアカササギは鏡に映る自分を
自分だと認識できる

見て見て！
虫をほじくり出してるの！

カレドニアガラスは
道具を使う

こんにちは

Hello

ヨウムは人の言葉をマネする

おちゃめなキバタン

53

謎の動きをするルリオハチクイ

実はただ今、日光浴で高温殺菌中！

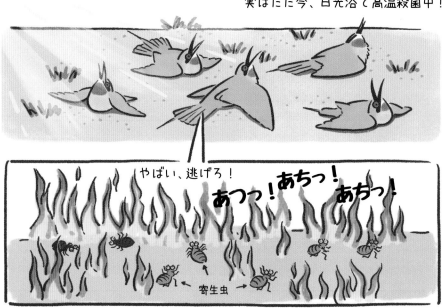

やばい、逃げろ！

あつっ！あちっ！ あちっ！

寄生虫

# 鳥たちはけっこう身ぎれい

鳥は毎日水浴びするわけではありませんが、毎日の羽づくろいには時間を惜しみません。羽毛には羽軸から枝分かれした「羽枝」というたくさんの細い軸がついており、羽枝からさらに分岐した「小羽枝」がもつれあって密になることで、羽毛がきれいに整った状態を保っています。羽毛の汚れや、寄生虫が気ままに羽毛を食い散らかすのを放っておいたら、羽毛の構造が乱れてうまく飛べなくなってしまいます。

羽毛を常にベストな状態にしておくために、鳥が浅瀬で水浴びしながら体をプルプル震わせたり、砂場で転げ回って体の脂や寄生虫を砂にこすりつけたりしているのを見たことがあるでしょう。太陽がギラギラと照りつける中、翼を広げて日光浴している鳥もいますね。体を高温で殺菌しながら、血液の循環も促しているのです。

アリの巣の上にうつぶせになってアリを自分の体にはわせたり、アリをつまんで自分の体にこすりつけたりして、アリのギ酸で寄生虫を減らす鳥もいます。そして羽毛をきれいにしたら、尾羽の付け根の尾脂腺から出る脂をクチバシで羽毛に塗り、羽毛のツヤを出しながら防水性も高めて、羽枝の並びを整え直しているのです。

寄生虫も汚れも
バイバーイ

きれいに
並んだ羽毛

小羽枝が
からまりあっている

羽枝

# 鳥は寝ながら起きている

多くの動物と同じように、鳥にも睡眠が必要です。ですが鳥のすごいところは、半分寝ながら半分は起きていられることです。脳の半分が休んでいても、もう半分はちゃんと働いているのです。

カモは睡眠中でも、片方の目を開けて天敵の襲来に備えています。オオグンカンドリは、片側の脳半球は起きたままで、もう一方の脳半球はうたた寝ができるので、洋上を2か月ぶっとおしで飛んでも落下することはありません[33]。ヨーロッパアマツバメは10か月以上飛び続けることができ、睡眠だけでなく、食事など生きるために必要な一切合切、交尾さえも飛びながらこなせるのです[34]。

鳥の中には、食べて体温を上げることができず、周りの温度も下がってしまう夜間の睡眠中に、冬眠のような節電モードに入るものもいます。この「休眠状態 (torpor)」に入った鳥は、体温と代謝の速度が低下し、エネルギーの消耗を抑えられるのです。たとえばハチドリの体温は、日中だと40℃ですが、休眠状態に入ると20℃まで下がり、心拍も毎分1000回から毎分48〜180回に下がります。休眠状態に入ったハチドリは、翌朝目覚めたあとも、ウォームアップにしばらく時間がかかります[35]。

わっ！　寝相わっる！

太陽が沈んだぞ！

ヨーロッパアマツバメは
飛びながら眠る

小型の鳥の多く
は樹上にうずく
まるようにして
眠る

カモは眠っているときでも、
片方の目を開けて天敵を警戒

*02*

第2章　驚きの食生活

# 体内に食べ物をためる？　小石で砕く？

　世界には、1万種以上の鳥がいます。暮らしている標高や生息地はさまざまで、その環境の違いが、鳥の生活スタイルや獲物の捕り方を多様に進化させました。食べるものも、タネや果実、花の蜜、昆虫をはじめとした節足動物、小動物、魚などいろいろです。

　鳥には噛（か）むための歯がありません。大口を開けて飲み込んだ食べ物は、通常は口の中に留まることなく、すぐに食道を経由して「嗉嚢（そのう）（crop）」に送られます。嗉嚢は一時的な貯蔵庫で、食べ物はここで柔らかくなります。
　カモメの仲間には、食道や嗉嚢に魚1匹を丸ごと一時的に貯蔵するものがおり、スズメはタネを蓄えています。ハトやフラミンゴ、そして一部のペンギンは、嗉嚢から、食べ物と消化液が混ざった「嗉嚢乳（そのうにゅう）（crop milk）」を吐き出してヒナに食べさせます。

　嗉嚢を通った食べ物は胃に入ります。鳥の胃は「前胃（ぜんい）（proventriculus）」と「砂嚢（さのう）（gizzard）」に分かれています。
　「前胃」には、タンパク質を分解するペプシン（pepsin）や塩酸などを含んだ胃液を分泌する「胃腺」があります。腐った死骸（しがい）を食べるハゲワシの胃酸には非常に強い殺菌力があり、腐肉から出る毒素や有害な細菌に対抗しているのです。
　「砂嚢」の内側は強靱な胃壁でできていますが、一部の鳥は食べ物を粉砕するために、砂嚢まで小石を飲み込んでいます。タネを食べる鳥類は砂嚢が特に発達しています。私たちが食べている「砂肝」はニワトリの砂嚢で、コリコリとした食感がするのは、丈夫な胃壁でできているからです。

　胃を通った食べ物は最終的に腸に入り、栄養が吸収されます。鳥の腸は哺乳類よりも短く、吸収効率にも優れていますが、このスピードが、飛ぶエネルギーの素早い吸収と、体重の軽量化に貢献しています。彼らがいつも食べ物を探しているのは、こんな理由もあるのですね。

まーた、おなかが空いちゃった！

鳥には歯がないので、飲み込んだ食べ物は食道を通って
嗉嚢に一時的に貯蔵される

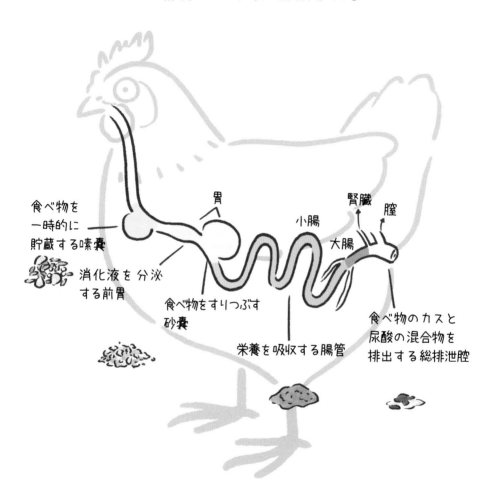

食べ物を
一時的に
貯蔵する嗉嚢

消化液を分泌
する前胃

胃

食べ物をすりつぶす
砂嚢

小腸

栄養を吸収する腸管

腎臓　　腔

大腸

食べ物のカスと
尿酸の混合物を
排出する総排泄腔

# 好物は木の葉！　発酵させるツメバケイ

　鳥が虫や果物をついばむ姿を見たことがあるでしょう。でも木の葉を食べている鳥を見たことがありますか？　木の葉は果実やタネはど栄養もなく、かさばるうえに消化もしにくいので、ほとんどの鳥にとってベストな食べ物とは言えません。

　ですが、南米のアマゾンに住む始祖鳥みたいな鳥、ツメバケイは、木の葉を主食としています。その割合はなんと85%。全長約65cmで、中〜大型の鳥類です。動きがとろく、木の枝をヨタヨタと伝って動く姿がよく観察されています。

　木の葉を大量に消化するツメバケイの胃は、普通の鳥とかなり違っています。飲み込んだ木の葉は嗉嚢に入るのですが、そこで細菌と酵素により、発酵・分解されます。ツメバケイの嗉嚢は牛の第1胃とほぼ同じ働きをしているのです。ツメバケイの嗉嚢や下部食道は一般的な鳥類よりも大きく発達しましたが、逆に前胃と砂嚢は本来の役割を果たせずに、進化の過程で小さくなりました。

　嗉嚢に入った木の葉は発酵して、なんとも言えない変なにおいを出すため、ツメバケイ自身も異臭を放っています。嗉嚢で食べ物を消化する鳥は、今のところツメバケイしか見つかっていません。

　胸腔の広さは限られているので、嗉嚢と下部食道が大きくなった代わりに、胸骨が小さくなりました。飛ぶときに使う筋肉は胸骨にくっついているため、胸骨の表面積が減ると、そこに付着する筋肉も少なくなります。だからツメバケイはあまり上手に飛べません。ツメバケイのヒナの翼には、親指のところに「ツメ」がついていて、空を飛べない幼鳥が木から落ちないようになっています。

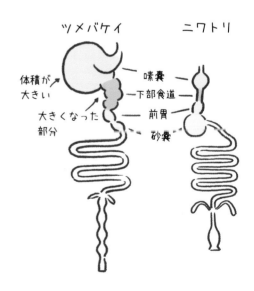

ツメバケイは嗉嚢の中で
大量の葉っぱを消化する

親指が
あったところ

その発酵のせいでツメバケイからは
すごい異臭が漂うのだ！

なんか臭くね？

# スズメたちのクチバシから分かること

　タネを主食とするスズメなどの鳥は、強くて硬いクチバシをしています。分厚い殻をこじ開けたり、硬いタネを砕いたりするには、頑丈なクチバシが不可欠だからです。いつの時代も学者にとって、鳥のクチバシは、生物の進化を探るのにおあつらえ向きの研究対象です。

　たとえば、ダーウィンと進化生物学者のグラント夫妻が、ガラパゴス諸島に生息するスズメ目ホオジロ科の十数種を調べたところ、それぞれ違うクチバシをしていました。そして、違うものを食べることで食料をめぐる争いを回避していること、これらの鳥が同じ先祖から進化したことを発見したのです。

　もう一つの例はイエスズメです。このスズメは、1万年前に中央アジアで農耕が始まったときから、人類とともに生きてきました。人類が農耕をしながら各地に移動するのについていき、数千年で中央アジアからヨーロッパにかけて生息域を広げたのです。

　ただ、中央アジアに分布しているイエスズメの亜種 *P. d. bactrianus* は、人の近くではなく原生の草原や湿地に生息し、野草のタネしか食べないという、昔からの生活を送っています。

　農業の発達にともない、穀物の粒も大きくなりました。「だったら、イエスズメのクチバシと頭蓋骨も大きく頑丈になったに違いない」と研究者たちは考えました。イエスズメは大昔から、人が栽培する穀物を食べているからです。

　そこで研究者たちは、イランに生息する *P. d. bactrianus* を含むイエスズメの亜種5種について、頭蓋骨とクチバシの大きさを調査しました。すると、人との共存を選んだ亜種の頭蓋骨とクチバシが、*P. d. bactrianus* よりも大きく頑丈になっていたことが分かりました。農業の発達が鳥を進化させていたことを、この研究結果が教えてくれています[36]。

うっひゃー！
こいつはすげえ

農業の発達にともなって穀物の粒も大きくなり、
イエスズメのクチバシと頭蓋骨も大きく強くなる

過去　　　　　　　　現在　　　　　　　　未来？

# ハイイロホシガラスは隠して回る

　季節や気候の変わり目、特に厳しい冬の時期には、食べ物が不足しがちです。リスは木の実を蓄えて、その苦しい時期を乗り切りますが、鳥の中にも前もって食べ物を安全な場所にため込んでいるものがいます。

　ハイイロホシガラスは、いつも木々の間を忙しく飛び回っては松の実を探しています。松ぼっくりを見つけると、鋭くて硬いクチバシで実をほじくり出して舌の下にある袋に詰め込み、いろんな場所に飛んでいって隠しまくるのです。隠し場所が、松の実を集めた場所から30km以上離れていることもあります。ハイイロホシガラスがひと夏の間に集める松の実は、数万個。それを5000か所以上に小分けしています。

　せっかく集めた松の実をドロボウに盗まれないようにするのも大変ですが、膨大な数の隠し場所を覚えておくのも大変です。ハイイロホシガラスは、たとえば「この大木の下にある大きな岩のそば」といったように、近くの目印になりそうなものを複数覚えておくことで、隠し場所を記憶しています。そうすれば、落ち葉や雪で隠し場所が見えなくなっても、たいていは目印を頼りに掘り出すことができるからです。

　ハイイロホシガラスに食べられなかった松の実は、新天地で芽吹いて大きく育ちます。ハイイロホシガラスは自分のおなかを満たしながら、好物のシロマツが遠くで子孫を残すお手伝いもしているのです。シロマツにとっても、ハイイロホシガラスは大切な運び屋なのです[37]。

### 掘り起こされなかった松の実は……

## ハイイロホシガラスは冬用の食べ物を
## あっちこっちに隠す

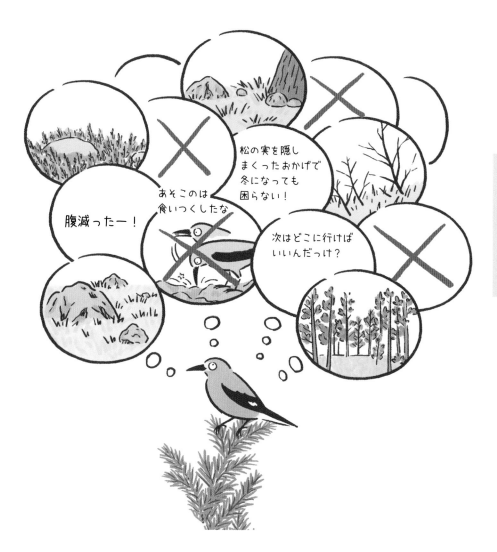

# ぶんぶんぶん！　ハチドリは飛ぶ

　ハチドリは今日もせわしなく、花から花へと飛び回っています。高速で翼を羽ばたかせるハチドリは、前進や後退、そしてホバリングもやってのけます。世界最小の鳥として知られるマメハチドリは、平均体重わずか2g。1秒間に80回も羽ばたくことがあるので、飛びながら蜜を吸っている間も大量のエネルギーを消費します。そのため、マメハチドリは毎日1500以上もの花から蜜を吸って、エネルギーを維持しています。

　ハチドリは長い舌を伸ばして蜜を吸います。舌先はクチバシでぺちゃんこにされて出ていき、蜜に届くと膨らみが戻り、左右にある2本の溝に蜜が吸い上げられます。そして舌が引っ込むのです[38, 39]。

　蜜を吸ってしまったら、同じ花の蜜腺から蜜が補充されるまで、少し時間がかかります。その時間は花の種類によってまちまち。せっかく花まで飛んできたのに蜜がたまっていない、なんてことはごめんですから、ベテランのアカフトオハチドリは、どの花の蜜がどのぐらいの時間で補充されるかをちゃんと把握し、順番に花を回っています[40]。

　こうすれば無駄な時間や体力を使わずに済むだけでなく、状況に応じて飛ぶコースや頻度を調整できます。せっかく来たのに他の鳥に吸われたあとだったということもありますが、そんなときオウギハチドリのメスは、次はもっと早めに飛んでくるのです[41]。

早く行かないと
また全部吸われちゃう！

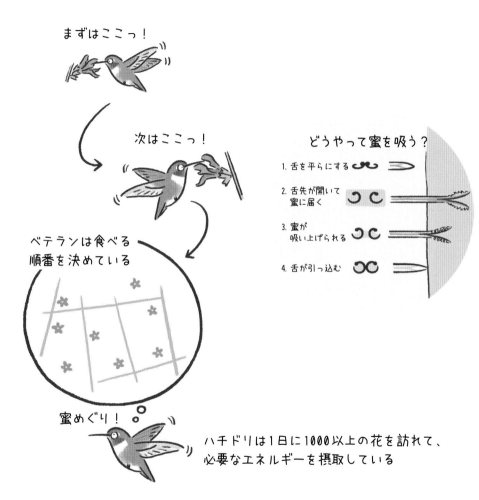

まずはここっ！

次はここっ！

ベテランは食べる
順番を決めている

蜜めぐり！

どうやって蜜を吸う？

1. 舌を平らにする

2. 舌先が開いて
蜜に届く

3. 蜜が
吸い上げられる

4. 舌が引っ込む

ハチドリは1日に1000以上の花を訪れて、
必要なエネルギーを摂取している

# 連携プレーが決め手！　モモアカノスリ

　猛禽類は他の動物を狩って食べる、食物連鎖の頂点に立つ捕食者。目や鼻が驚くほど敏感で、昼行性の猛禽類は、上昇気流に乗って大空を旋回したり、辺りを広く見渡せる木のてっぺんに止まったりして、高いところから獲物を探しています。そして目標を定めたら一気に急降下して鋭いツメで獲物を捕らえ、カギ状のクチバシで引き裂きます。

　ほとんどの猛禽類は縄張り意識が強く、繁殖期や渡りの季節以外は単独行動をします。ですが連携プレーを得意とするモモアカノスリは、普段から群れで狩りをするのです。通常は2〜6羽でグループを作り、獲物を探す役や急降下して獲物を捕まえる役など、仕事を分担します。もしも獲物が茂みに逃げ込んでも、誰かが脅かして茂みから追い立て、出てきたところを他のメンバーがすかさず仕留めます。狩った獲物はみんなで分けあいます[42]。

　チームプレーなら個人プレーより大きな獲物を狙えるうえ、獲物の逃げ場が多い地形でも、狩りの成功率を上げることができます。もしかしたらモモアカノスリは、食べ物の少ない砂漠の環境に適応して、こんなスタイルを編み出したのかもしれません。

　また、モモアカノスリはよく、2羽、3羽と仲間の背中に乗っかっています。少しでも高いところにいれば、視野が広くなるからでしょうか。それとも単に、誰かの背中が好きなだけなのでしょうか。

うんにゃ！

ウサギ、おった〜？

## モモアカノスリはグループで狩りをし、役割分担までしている

ちょっと待て、
二手に分かれよ？

お前は草むらの外で
ウサギを脅かす役

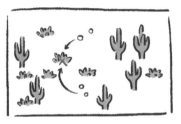

お前らは反対側で
待ち伏せな！

あいつ、いっつも楽な役ばっか
取るんだよな！

オレらまた待ち伏せかよ……

# メンフクロウの静かなる狩り

夜行性の猛禽類は聴覚が抜群に優れています。メンフクロウののっぺりとした平らな顔は、まるでレーダーのよう。あちこちから聞こえてくるかすかな音をキャッチしています。それだけでなく、一方の耳がやや高く、もう一方がやや低い位置にあるので、下から音が聞こえたときは、低いほうの耳が先に聞き取ります。また、左から音がしたときは左耳が右耳よりも早く音波を捉えます。

つまり、左右の耳が音を捉える瞬間の時間差を利用して、獲物がどこにいるか正確に判断しているのです[43]。

銃の照準器で狙いを定めるようにターゲットをロックオンすると、メンフクロウはスーッと飛び立ちます。あれ!? 音がしない!

そうなのです。縁がクシ状になっている羽毛が、飛行中に気流と翼がぶつかって出る音を抑え、体を覆っている柔らかい羽毛が、わずかに出るノイズを吸収しているのです。ほぼ無音で飛べるので、ターゲットは危険を察知できません。気づいたときには、もう手遅れ!

満月の夜なら、メンフクロウは真っ白な羽毛に月明かりを反射させて、ハタネズミなどの獲物をすくませます。つまり獲物がフリーズするので、メンフクロウはその分だけ狩りの時間を稼げるのです[44]。肉食の鳥は獲物を飲み込むと、骨や羽毛などの消化できない部分を砂嚢で「ペリット (pellet)」にして、あとから吐き出しています。

消化できない骨や毛は
ペリットにして吐き出す

あそこから何か聞こえる！

メンフクロウの耳は高性能

満月の前後には真っ白な羽毛に月明かりを反射させて、獲物をすくませる

羽毛の縁がクシ状になっているので、ほとんど音を立てずに飛べる！

なっ、何が起きたの!?

気づいたときにはもう手遅れ

タカサゴモズは小さいころから
獲物を枝に刺す練習を始める

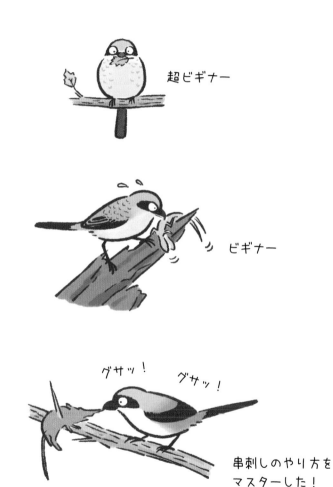

超ビギナー

ビギナー

グサッ！　　グサッ！

串刺しのやり方を
マスターした！

# モズの十八番「はやにえ」

モズの狩りは猛禽類と似ていて、辺りがよく見渡せる場所からいつも獲物を物色しています。彼らのメニュー表には、昆虫やトカゲ、カエル、ネズミ、果ては小鳥まで、バラエティに富んだ食べ物が並んでいます。

モズの体は猛禽類より小さく、獲物を引き裂くまでしっかり押さえられる立派なツメもありません。でも、独自のテクニックを持っているので、獲物が自分と同じくらい大きくても、もてあますことはないのです。

モズは獲物の首をクチバシでくわえると、猛烈な勢いで揺さぶって強い力をかけ、首に深刻なダメージを負わせます。

仕留めた獲物は木の枝などに刺して固定してから、一口一口味わいます[45]。食べきれない分はそのままにしておくので、次の獲物がすぐ手に入らなくても、食いっぱぐれることはありません。

この「はやにえ（早贄、速贄）」は生まれつきの能力ではありません。幼いモズは身近なものを使って、獲物を刺すトゲの選び方や力のかけ具合などを練習し、ゆっくりと経験を積んでいくのです。

獲物の大きさや、獲物を蓄える能力の高さは、繁殖期の初期にメスがパートナーをチェックするポイントにもなっています。

獲物の数々

# 虫を逃さない手練手管

「早起きは三文の徳」は、英語のことわざで言うと「早起きした鳥は虫にありつける」。トンボやバッタ、ガなどの成虫や幼虫はタンパク質が豊富なので、たくさんの鳥が主食にしています。

鳥たちはさまざまな方法を駆使して、素早く動いている昆虫を捕まえます。アマツバメやツバメは飛んでいる虫を超高速飛行で捕まえ、ヨタカは大口を開けて、飛行中の虫を追いかけます。

エゾビタキをはじめとする多くのヒタキ科の鳥は、待ちの一手です。枝の先にちょこんと止まって虫が飛んでくるのを待ち続け、来た虫にバッと襲いかかっては元いた枝に戻ります。

白と暗色のツートンカラーの入った鳥はユニークな方法を使います。白い羽が濃い色の羽毛と鮮明なコントラストを成すので、翼や尾羽を閉じたり開いたりして虫を驚か

せて捕まえているのです。実際に、ベニイタダキアメリカムシクイの尾羽の白い部分を黒く塗ると、狩りの成功率が下がることが分かっています[46]。

キツツキの長い舌には、粘液がたっぷりついていて、先端には矢じりの「返し」のようなトゲがあります。これを木の幹の隙間に入れて、奥にいる虫をからめとるのです。

垂直歩行の名手、ゴジュウカラは、強い趾を使って木の幹を垂直に登ったり宙づりになったりしながら、樹皮の隙間に隠れている虫を探しています。

虫を食べる鳥類は1年間に、約4～5億トンもの節足動物を捕食しており、そのうち3億トンは森に住む鳥類が食べていると考えられています。鳥は人にとって、害虫を減らして経済的損失を抑えてくれるだけでなく、生態系のバランスもとってくれる、大切な存在でもあるのです[47]。

虫は栄養たっぷりだからねー！

# 虫たちよ、逃げても無駄だ！

アマツバメは飛んでいる虫を
超高速飛行で捕まえる

ヨタカは大口を開けて追いかける

ベニイタダキアメリカムシクイは尾羽を
高速で開閉して白色を露出させ、驚いた
虫が飛び立ったところを捕まえる

サッ！

エゾビタキは決まった場所
で待ちの一手。飛んできた
虫を仕留めたら、元いた場
所に戻ってまた待つ

舌の先には
トゲがある

キツツキの長い舌には粘液がついている

ゴジュウカラは木の幹を垂直
に移動しながら、樹皮の間の
虫を探す

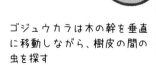

# 水鳥たちの差別化戦略?

泥の中にいる虫を捕まえるには、どうすればいいでしょう? 海辺や湿地で暮らすシャクシギやシギ、チドリなどはどれも水鳥ですが、クチバシの形や長さが違うので、食べるものが違います。それぞれ別のものを食べていれば、食べ物をめぐる仁義なき戦いを防ぐことができます。

たとえば、ダイシャクシギの長いクチバシは下に曲がっていて、泥の深いところにいる食べ物まで届きます。

一方、シギの仲間にはクチバシも足も短いものも多く、水深の深い場所に行くことも、岸辺の土中の深いところにいる獲物を捕まえることもできません。ですから彼らは地表の生き物を目で狙いを定めてサッとついばんだり、泥の上や水中で「足踏み採餌(foot-trembling)」をして、驚いて出てきた生き物を捕まえたりしています[48]。

シギの仲間には、触覚を駆使して食べ物を探す鳥もたくさんいます。長いクチバシの先端には感覚受容器がたくさんついているので、地中探査棒のようにあっちこっちを調査しながら、食べ物の気配を感じ取っているのです。キョウジョシギのお家芸と言えば、地面に転がっている石をひっくり返して、食べ物を探す技でしょう。

ダイシャクシギさんって優雅に
お食事なさるのよね〜

# 同じ水鳥でもクチバシの形や長さが違えば、食べ物の探し方も違う

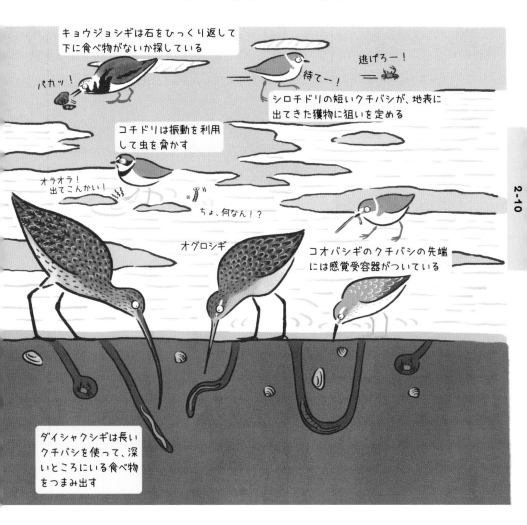

キョウジョシギは石をひっくり返して下に食べ物がないか探している

パカッ！

逃げろー！

待てー！

シロチドリの短いクチバシが、地表に出てきた獲物に狙いを定める

コチドリは振動を利用して虫を脅かす

オラオラ！出てこんかい！

ちょ、何なん！？

オグロシギ

コオバシギのクチバシの先端には感覚受容器がついている

ダイシャクシギは長いクチバシを使って、深いところにいる食べ物をつまみ出す

# 小さなプランクトンをせっせと捕獲

水辺に暮らすカモは、幅広で平たいクチバシをしていて、おなかが空いたらそのクチバシを少し開け、左右についている板歯というブラシ状の突起で、水中のプランクトンや藻類を濾し取っています（濾過食者）。特にハシビロガモのクチバシは長くて幅が広いので、それで水面を左右にかけば、たくさんの水を通せます。

彼らはまた、水面を直線的に滑走するだけでなく、集団で水面をグルグル回って渦を作り、水中の食べ物を水面に巻き上げています。

また、カモは逆立ちするように頭を水に突っ込んで、食べ物を探すこともあります。

オナガガモはよく、お尻を水面にちょこんと出して、水中の食べ物を探しています。

ヨーロッパフラミンゴも、一風変わったクチバシをしています。彼らはおなかが空いたら頭を下げてクチバシを水に浸し、歩きながら舌を使って水を吸い込んだり吐き出したりします。そのときに、ザラザラの舌と、クチバシの両側にある板歯で、水中のプランクトンや藻類を濾し取っているのです。ちなみに、ヨーロッパフラミンゴの羽毛が、生まれたときの薄い灰色からピンク色に変わるのは、カロテンの豊富な藻類を食べるためです。

そんなので、
おなかいっぱいになるの？

ヨーロッパフラミンゴも
自前の濾し器を
使う

# カモのお食事風景

水面を滑走しながらプランクトンや
藻類を濾し取っている

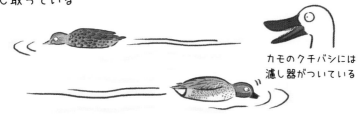

カモのクチバシには
濾し器がついている

集団で水面をグルグル回って、水中の
食べ物を水面に巻き上げている

お尻を水面に出して食べ物を探す

# 回る回る！　アカエリヒレアシシギ

アカエリヒレアシシギは、ほとんどの時間を海や塩湖で過ごす、海洋性の鳥です。

食べているのは、海中にいる小型の節足動物など。クチバシの先で獲物（通常は6mm以下）を周りにある水ごとついばみ、水滴の表面張力を利用して口に運んで、水だけクチバシから出してしまいます。クチバシを開いて閉じながらのこの動作には、0.5秒もかかりません。

おなかが空いたら単独で水面をグルグル回って、節足動物を巻き込む小さな渦を作ります。そうやって、獲物を浮き上がらせて食べているのです。とはいえ、グルグルし続けるのは大変ですから、十分集まったと思ったら回るのをやめます。

南米のヒレアシシギはチリフラミンゴにつきまとって、チリフラミンゴが食事するときに、その獲物と一緒に水底から浮き上がってきた生き物を捕まえています。こうすると、自分だけで食べ物を探すときに比べ、1分間当たりの捕食数が2倍に増えるんだそうです[49]！

まーたタダ飯食いが来た！

フラミンゴの近くにいれば
おこぼれにあずかれるのさ！

アカエリヒレアシシギはほとんどの時間を洋上で過ごす

グルグル回って水中の節足動物を浮き上がらせる

水滴の表面張力を利用して、節足動物を口の中に取り込む

# 魚捕り名人は漁に出る

サギ、ミサゴ、ウ、カワセミ、アジサシ、ペンギン、カモメ、ペリカンなど、魚を食べる鳥は数えきれませんが、魚のほうも簡単に捕まえさせてはくれません。魚の体はヌルヌルしてつかみにくいので、魚を食べる鳥の多くは滑りどめを持っています。ミサゴやウオミミズクの趾にはトゲがあってザラザラしており、ペンギンの舌やコウライアイサのクチバシにはノコギリの刃のようなギザギザがたくさんついていて、魚の体をしっかりつかめるようになっています。

水中にいる獲物の位置は光の屈折のせいで、実際の場所と目で見ている場所がずれています。ですから鳥は、何度も練習して腕を磨きます。漁の下手くそなカワセミやミサゴがおぼれ死んだという記録もあるのです。

カワセミのように魚が来るのを水辺でじっと待ち続け、獲物を見つけたら急降下する鳥もいれば、サギの仲間には水面に昆虫や小枝を落として疑似餌（ぎじえ）にし、釣り人と同じように魚を水面までおびき寄せるものもいます。

また、ペリカンは大きなノド袋で魚をすくい上げますが、クロハサミアジサシは水面近くを低空飛行しながら長い下クチバシを水につけて、そこに当たった魚を捕らえます。

そして、カツオドリは空から海へと、群れをなして垂直に突っ込みます。重力加速度を利用しているため、水深30mに達することもあります。一方、コウテイペンギンの潜水深度の最高記録は、なんと564mです。

ヨーロッパヒメウは、近くにいる仲間が海に潜って魚を捕ったのを見ると、自分も捕りに潜ります。仲間が潜水したのを見た鳥は、潜る確率が2倍になります。同じ水域の仲間をよく観察して行動を学習すると、食べ物が手に入るチャンスが増え、時間や体力のロスも抑えられるからです[50]。

魚を捕る鳥は、いろんな滑りどめを持つ

ミサゴの
ザラザラした趾

ノコギリの刃のような
ギザギザがついた
ペンギンの舌

ギザギザのついた
コウライアイサの
クチバシ

# 魚の捕り方あれこれ

## 疑似餌を撒く
コサギは水面に疑似餌を落とす

## しらみつぶしに探す
クロハサミアジサシは下クチバシを水に入れたまま飛んで、当たった魚を捕まえる

## すくう
コシグロペリカンには巨大なノド袋がある

## 急降下する
アオアシカツオドリは重力加速度を利用して潜水する

## 潜る
コウテイペンギンの潜水深度の最高記録は、なんと564m

## 仲間を観察する
ヨーロッパヒメウは仲間が潜っていると自分も潜る

# 空飛ぶ強盗にご用心!

　野鳥に食べ物を取られたことはありますか?　他の鳥が苦労して手に入れた獲物を強盗のように奪い取ってしまう、とんでもないやつもいます。

　オオトウゾクカモメは、魚を捕った他の海鳥を追い回します。南極という厳しい自然環境で生き延びるため、彼らはいつも、どこかにペンギンの卵が転がっていないか、群れからはぐれたペンギンのヒナはいないかと目を光らせています。他から盗んだり強奪したりするだけでなく、自分でも魚を捕まえ、腐乱した死骸を食べたりもします。

　悪名高いオオグンカンドリも似たり寄ったりです。魚をくわえた海鳥を見つけると、飛びながら噛みついたり、寄ってたかって攻撃したりして、相手が降参して魚を放すまで嫌がらせを続けます。また、カツオドリのつがいがヒナに食べ物を与える隙をついて、横からかっさらったりもしています[51]。

　オーストラリアに住むオーストラリアクロトキやクロガオミツスイも、キャンパスで食事中の学生のテーブルから食べ物をかすめ取ったり、手に持っている食べ物を奪ったりしています。

　こうした行為を「労働寄生(klepto-parasitism)」と言います。ですが、イギリスのカモメを使った研究で、彼らのようなコソ泥は、こちらがギッとにらみつけていれば、そう簡単に手出ししてこないことも分かっています[52]。

コソ泥はにらみつけろ!
そうすれば、むやみに手は出してこないぞ!

魚をよこせ！

そいつを放せよ

こっちによこせ！

海鳥は藻類の分解で発生するジメチルスルフィドの
においをたどって食べ物を探す

いいにおいが2か所から
流れてくるぞ?

どっちに行こうかな

# プラスチックの危険な香り

嗅覚が優れているウミツバメやアホウドリなどの海鳥は、「ジメチルスルフィド（dimethyl sulfide、DMS）」のにおいに特に敏感です。ジメチルスルフィドは、藻類など、海にいる植物プランクトンが持つ物質が分解されるとできる、磯の香りの元です。

そのため、植物プランクトンを食べるオキアミなど、小型の甲殻類がたくさんいる場所では、ジメチルスルフィドの濃度が高くなっています。そこには、オキアミを食べる魚もたくさん集まります。だから、においを頼りにする海鳥にとって、ジメチルスルフィドは「ここに食べ物があるよ！」と教えてくれるありがたい存在です。海鳥たちは、このにおいをたどってはるばるやってきます。

しかし、植物プランクトンは、海に浮かぶプラスチックのゴミにも付着しやすく、そこでジメチルスルフィドが放出されると、海鳥を呼び寄せてしまいます。そのため、嗅覚の鋭い海鳥がプラスチックを誤飲する確率は、そうでない海鳥の6倍にも上ります[53]。

おっ！
これ初めて食べるやつ

# 03

# 第3章 鳥は話し、求愛し、子育てする

# 鳥の鳴き声はざっくり2種類

チッチッチッ、チュンチュン、ギエー、ピッピッピッ、カーカー、ゲッゲッゲッ！

このように、鳥がいろんな鳴き方をするのは、「鳴管（syrinx）」という鳥特有の発声器官があるおかげです。鳴管は気管と気管支の境目にあることが多く、軟骨環、振動膜、筋肉からできています。空気が通ると振動膜が震えて音が出ます。振動膜の張り具合を筋肉で調節すれば音の高さも変えられ、左右の鳴管は別々に音を出すこともできます。

鳥の鳴き声はざっくりと、「さえずり（song）」と「地鳴き（call）」に分けられます。ここでご紹介する地鳴きは、比較的短くて単調な鳴き方です。たとえば、天敵への警戒を呼びかける「警戒音（alarm call）」や、仲間同士で情報を共有する「コンタクトコール（contact call）」、ヒナが「おなかが空いた！ ごはんちょうだい！」と食べ物をせがむ「ベギングコール（begging call）」、渡り鳥が移動中にコミュニケーションをとりあう「飛鳴（flight call）」などです。

左右の鳴管は別々に鳴き声を出せる

筋肉

気管支　気管支

# 鳥は鳴き声でいろんな意味を伝えている

## 警戒音

捕食者を警戒するよう仲間に呼びかける鳴き声

## コンタクトコール

仲間同士で情報共有するときの鳴き声

## ベギングコール

「ごはんちょうだーい!」の鳴き声

## 飛鳴

渡り鳥が移動中にコミュニケーションをとりあう鳴き声

# 男っぷりを示すさえずり

鳥のさえずりには音節が多く、バリエーションも豊か。同じフレーズが何度も繰り返されます。さえずるのはほとんどがオスで、繁殖期になると熱唱が始まります。

さえずりの目的は二つあって、一つはオスが他のオスに向けて「ここはオレのシマだ！　入ってくるな！」と宣言すること。でももっと大切な役目は、近くのメスに「ねえ、お嬢さん！　ここにイケメン独身セレブがいるぜ！」とアピールすることです。

音程は正確か、長さは十分か、難しいく

だりが歌えているかといったことはすべて、オスの健康状態のバロメーターです。ですからオスは、別のオスのさえずりを聞き、ライバルに勝てるかどうかを判断します。一方、メスは、このオスが自分の伴侶にふさわしいかどうかを吟味します。

キツツキは、他の小鳥のようにうまく歌を歌えないのですが、その代わりに木をつつく音で自分のテリトリーを誇示し、パートナーを呼び寄せています[54]。

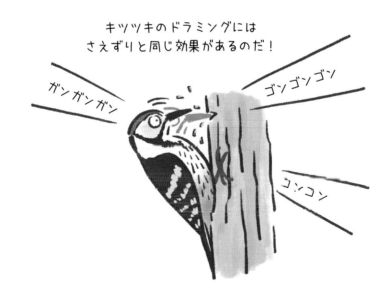

キツツキのドラミングには
さえずりと同じ効果があるのだ！

ガンガンガン

ゴンゴンゴン

コンコン

鳥の鳴き声にはパートナーの気を引く役割と、
縄張りを誇示する役割がある

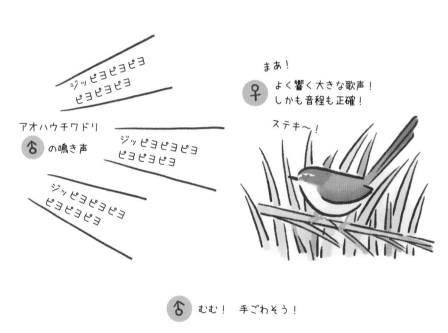

ジッピヨピヨピヨ
ピヨピヨピヨ

アオハウチワドリ

♂ の鳴き声

ジッピヨピヨピヨ
ピヨピヨピヨ

ジッピヨピヨピヨ
ピヨピヨピヨ

まあ！

♀ よく響く大きな歌声！
しかも音程も正確！

ステキ〜！

♂ むむ！　手ごわそう！

アメリカコガラは木に止まっている猛禽類を見つけると、
一緒に追い払おう！と仲間に呼びかける

アメリカワシ
ミミズク

チッカ・ディー！
（デカい猛禽類がいるぞ、
一緒に追い払おう！）

アメリカコガラは猛禽類の大きさを見て
鳴き方を変える

チッカ・ディー・
ディー・ディー！
（小さい猛禽類がいるぞ、
一緒に追い払おう！）

# アメリカコガラの警報は3段階

鳥は天敵を発見すると、短い警戒音をせわしなく発して「危ないよ！」と仲間に知らせます。「モビングコール（mobbing call）」もその一種で、「みんなで一緒に天敵を追い払おうぜ！」と、近くの仲間に呼びかける鳴き方です。集まった仲間は、代わる代わる敵に飛びかかったり、羽をバタバタさせながら跳んだりわめいたりします。鳴き方は、危険度に応じて少しずつ違っています。

たとえばアメリカコガラは、飛行中の猛禽類を見つけると、「シーッ！」と小さく鳴いて、仲間に注意を促します。猛禽類が木に止まっていたら、大声で「チッカ・ディー！」と叫んで、「あいつを一緒に追い払おう！」と仲間に呼びかけます。小型の猛禽類が相手なら、鳴き声の最後で「ディー」を何度か繰り返して「チッカ・ディー・ディー・ディー！」と鳴きます。アメリカコガラなどの小さな鳥にとっては、大型の猛禽類よりも小回りが利く小型の猛禽類のほうが恐ろしいからです。だから警戒音を聞きつけると、仲間がたくさん駆けつけます[55]。

音を使ったメッセージは、森の中で何かを伝えるにはかなり効果的です。他の鳥や生き物もアメリカコガラの警戒音にこっそり聞き耳を立てて、天敵に備えているのです[56]。

ねえ、どうする？

早く行ったら？

お前が先に行けよ！

# 鳥の世界にも方言がある！

　たいていの国や地域には方言があります
が、鳥にも方言があるのをご存じですか？
同じ種類の鳥は普通、近くに住んでいれば
ほぼ同じ鳴き方をします。しかし、遠くに住
んでいるとかなり違います。おそらく地理的
な隔たりや、環境条件の違いのために鳴き
方が変化して、長い年月を経るうちに、各
地で別の歌を歌うようになったのでしょう※。

　たとえば台湾のヤブドリは、その生息域
が山脈によって、中部、南部、中央山脈の
西側と東側に区切られており、それぞれの
方言を使っています。私たちが聞いても同じ
ようにしか聞こえませんが、鳴き声を周波数
スペクトルで表すと、違いは一目瞭然です[57]。

※日本では、小笠原諸島のウグイスが「ホーホケキョ」で
はなく「ホーホケ」と鳴く例などが知られている

ヤブドリの鳴き声には地域差がある

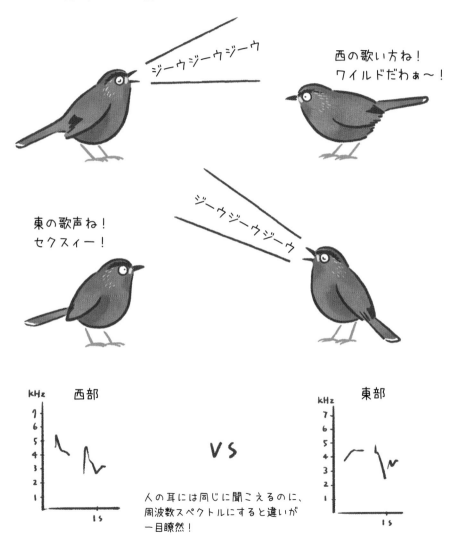

ジーウジーウジーウ

西の歌い方ね！
ワイルドだわぁ〜！

東の歌声ね！
セクスィー！

ジーウジーウジーウ

kHz 西部

VS

kHz 東部

人の耳には同じに聞こえるのに、
周波数スペクトルにすると違いが
一目瞭然！

3-4

99

# みんなで群れるのが好きな理由

鳥はときに、大きな群れで集団行動するのを好みます。たくさんの目であちこちを見回し、情報を交換すれば、食べ物を探す時間も短くて済むでしょう。

ヾアカ┴ナガは群れを作るのが大好きで、違う種類の鳥も仲間に入れた大群で移動します。このとき、メジロチメドリなどが先鋒になって林の中を移動すると、そのあとに続く鳥たちが、メジロチメドリに驚いて飛び出した虫にありつけます。集団行動によって食べ物が手に入りやすくなる、典型的な例です。

また、大勢で見張っていれば、天敵を素早く発見できます。そして、「急いで逃げろ!」と警戒音を出すだけでなく、「一緒に天敵を追い払おう!」と仲間に呼びかけたりもできるでしょう。

ホシムクドリは何千何万羽も集まって、みんなで急旋回を繰り返したり、群れの形を変えて飛んだりします。ターゲットが大集団で飛んでいると、天敵は1羽に狙いを定めにくくなります。生態学ではこれを「希釈効果 (dilution effect)」と呼んでいます。分母となる鳥の数が多ければ、一つの個体がやられる確率は下がるのです。

集団生活は、体温維持やパートナー探しでも役立っています。しかし、いいことばかりでもありません。

群れが大きいと天敵から見つかりやすいし、他の仲間から交尾を邪魔されたり、群れの中での競争が激しくなったりするからです。また、伝染病や寄生虫が蔓延しやすいといったリスクもあります[58, 59]。

変な虫をうつすなよなー!

お前がオレにうつしたんだろ!

何にでもメリットとデメリットがある

# 集団行動のメリット

## 1. 食べ物探しにあまり時間がかからない

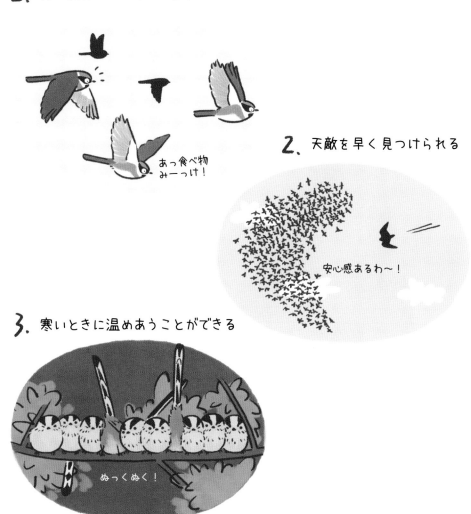

あっ食べ物
みーっけ!

## 2. 天敵を早く見つけられる

安心感あるわ〜!

## 3. 寒いときに温めあうことができる

ぬっくぬく!

# あの手この手のパートナー争奪戦

　繁殖時期の求愛は、鳥にとって、年に一度の一大イベントです。オスは独身を返上すべしと、自分の一番かっこいい姿をメスに見せ、全力でアピールします。

　華麗な羽毛をメスに披露する鳥なら、羽毛のツヤもポイントです。それがオスの健康状態を示すからです。

　メスに食べ物をプレゼントするという手もあります。捕食能力を証明して、「生まれてくる子どもにも、たくさん食べさせてやれますよ」とアピールするのです。

　メスのために求愛ダンスを踊る鳥もいます。振りつけやリズムの正確さを見れば、オスがたくさんの経験を積んできたかどうかが分かります。あるいは、美声を披露する鳥も。歌のテクニックや時間の長さからも、オスにスタミナがあるかどうかが判断できます。マイホームを建てて自分の建築技術を誇示する鳥もいます。

　求愛の方法はこのように千差万別、奇怪千万ですが、目的はただ一つ、パートナーを見つけて一緒に子孫を残すことです。

　繁殖期には通常、オスよりもメスのほうに負担がかかります。大きな卵を産むだけでなく、時間をかけて大切に温めなければならないからです。産める卵の数にも限りがあるので、メスはパートナー選びにかなり慎重です。そんなメスの気を引くため、オスにはメスよりもきれいな羽毛や、大きな体、複雑な鳴き方をする能力が備わっているのです。

　メスはとても厳しい目でオスを吟味します。オスの求愛行動を見ながら候補者の健康状態や捕食能力などをチェックし、小さな情報もかき集めて、一番満足のいくお相手を選んでいるからです。こうして、より優れた遺伝子を獲得するチャンスを手に入れています。

オスA 　オスB 　オスC

 誰が一番優秀かしら

# メスのハートを射止めるには？

**1. 美しい羽毛でディスプレイする**

クジャクのあでやかな羽毛

**2. プレゼントを贈る**

ルリオハチクイは
食べ物を贈って好意を示す

**3. 求愛ダンスを踊る**

ムーンウォークを披露する
キモモマイコドリ

**4. 巣を飾りたてる**

アオアズマヤドリは
愛の巣作りに余念がない

**5. ラブソングを歌う**

コトドリは美声で愛をささやく

# 鳥の夫婦道

鳥の世界では「一夫一婦制(monogamy)」が一般的です。巣作りから、卵をかえしてヒナを育てるまでのプロセスを、一対の成鳥が共同でおこなうスタイルです。

ですが、それは永遠の愛を誓うものではありません。オシドリなどのカモの仲間は一夫一婦制ですが、夫婦関係は1年限りで、毎年相手を変えます。つまり、「非連続一夫一婦制」です。アホウドリは夫婦関係を何年も続けるので「連続一夫一婦制」です。また一夫一婦制と言っても、鳥の世界では妻も夫も当たり前に、他に恋人を作っています。この「婚外交尾 (extra-pair copulation)」の目的は、よりたくさんの子孫を残すことです。

また、交尾を終えたオスがさっさと次の相手に乗り換えるのを「一夫多妻制 (polygyny)」と言います。メスは子育てをワンオペでこなせるのに、オスには精子の提供ぐらいしかできることがないのです。一夫多妻制の鳥のヒナは一般に早成性で、孵化したときには羽毛も生えており、すぐに自分で動けるようになります。

「一妻多夫制 (polyandry)」は一夫多妻制の逆で、競争するのはメスのほうです。羽の色もメスのほうが美しく、メスが結婚相手を探し、オスと交尾する権利を争います。産み落とされた卵はオスだけで面倒を見て、やはりヒナも早成性です。

メスは卵を産んだらあっさりと次の恋人を探しに行き、交尾と産卵を次々と繰り返します。こうやって自分の子どもの数を増やしているのです。

夫

旦那がいないうちに早く！

←間男

# パートナーは1羽だけ？

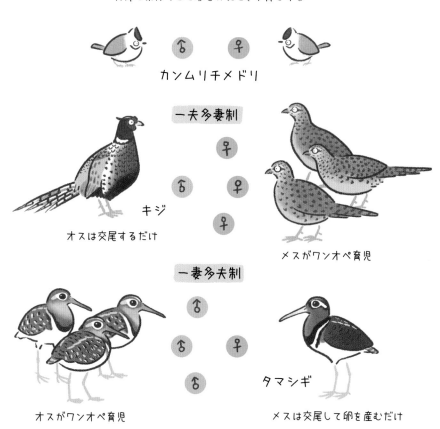

### 一夫一婦制
夫婦で巣作りして卵をかえし、子育てする

♂    ♀

カンムリチメドリ

### 一夫多妻制

キジ

オスは交尾するだけ

♀

♂    ♀

♀

メスがワンオペ育児

### 一妻多夫制

♂

♂    ♀

♂

タマシギ

オスがワンオペ育児

メスは交尾して卵を産むだけ

3-7

北米に住むキジオライチョウの
オスは、レックに集まってメス
を引き寄せる

胸についている
黄色の空気袋を
鳴らす

ポッコン
ポッコン

ポッコン

ポッコン

ポッコン
ポッコン

モテるオスはせいぜい1羽から2羽！
イケメンが、子どもを残すチャンス
をほぼ独占

# キジオライチョウのポッコンポッコン戦争

まだ夜が明けきらないうちに、キジオライチョウのオスたちが「レック（lek）」と呼ばれる集団求愛場に集まれば、求愛セレモニーの始まりです。レックの大きさは大小さまざまで、数十羽から数百羽のオスが縄張りを作って、自分の力を誇示しあいます。

オスは自分の縄張りの中で尾羽を立てると、胸についている黄色の袋を膨らませて「ポッコンポッコン」と音を立てます。音で男らしさをアピールしているのです。

メスたちは遅れて到着すると、あちこちから聞こえる「ポッコンポッコン」の中から、一番いい音を出しているオスを選びます。お店で買い物をするときのように、オスを品定めしているのです。

ぱっと見、オスは結婚相手に不自由せずに済みそうですが、実はどのレックでも1～2羽のオスに人気が集中します。この選ばれしオスが、子どもを残すチャンスをほぼ独占してしまうのです。なんと、1羽のオスが3時間で30回も交尾した記録も残っています[60]。キジオライチョウの一夫多妻制には、オスにとって、よりたくさんのメスと交尾すれば、自分の遺伝子をたくさん残せるというメリットがあります。

交尾を終えたメスはレックを出ると、自分で巣を作って卵を産み、子育てを始めます。そしてオスは相変わらず「ポッコンポッコン」と胸を鳴らしながら、次のメスを誘い続けるのです。

えぇ……
オレだって捨てたもんじゃないのに

# エリマキシギのドラマチックな求愛？

繁殖期のエリマキシギのオスは、襞襟（ひだえり）をまとったエリザベス一世のよう。ふわふわとした華麗な飾り羽を、頭と首に生やしています。レックに集まると自分の縄張りを守りながらゴージャスな羽毛を見せつけ、オス同士でケンカします。オスの80〜95％は、黒や茶色の飾り羽を持つ、この「縄張り型」です。

縄張り型より格下の「サテライト型」（5〜20％）は、白い襟巻きを生やしていますが、縄張りはありません。彼らは縄張り型のオスの縄張りをうろつきながら、交尾のチャンスをうかがっているのです。オスがたくさんいるレックにはメスも集まるので、縄張り型のオスは通常、サテライト型が寄ってきても見て見ぬふりをします。ですがサテライト型もメスを狙うので、縄張り型から時折「オレのシマだ！」とクギを刺されています。

オス同士のケンカが始まって騒がしくなると、また違うタイプのオスがこっそりレックに忍び込んできます。このオスには飾り羽がなく、見た目はメスにそっくりです。彼らはレックの中でチャンスをうかがい、メスが別のオスを受け入れる準備ができたのを見ると、そのオスよりも先に手を出してメスと交尾してしまうのです。彼らのようなオスを「雌擬態型」と言います（1％未満）。

オスがどのタイプになるかは、残念ながら生まれる前に決まっています。オスの外観とメスへのアプローチ方法は、125個の遺伝子で構成された「超遺伝子」で決められているからです。雌擬態型の超遺伝子は約380万年前に「逆位」が起きてできました。そして約50万年前に、その遺伝子の一部がまた逆転して元に戻ったことで、縄張り型と雌擬態型の中間に当たるサテライト型が生まれたことが分かっています[61、62]。

ケンカするオスたち

# エリマキシギのオスは3タイプ

オレはこっそり
チャンスをつかむ

オレにしたら？

雌擬態型のオス
の見た目はメス
にそっくり！
交尾のチャンス
をうかがう

サテライト型の
オスは縄張り型
のオスの周りを
うろうろしている

オレにしろよ！

縄張り型のオスには
自分の縄張りがある

3-8-2

繁殖期のアメリカウズラシギの
オスは、メス探しで忙しい

2:00

今シーズンの目標は奥さんを
たくさん見つけること！

あそこにメスがいた！

北極圏の夏は夜になっても日が
沈まないので、オスは不眠不休
で飛び回る

23:00

19日間のうち95%は起きている

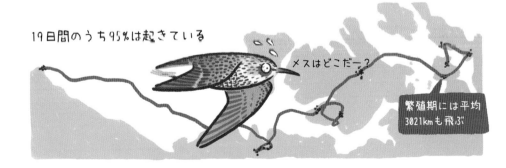

メスはどこだー？

繁殖期には平均
3021kmも飛ぶ

# アメリカウズラシギの求愛マラソン

　5月下旬になると、アメリカウズラシギが南半球から繁殖地のアラスカ北部に次々と飛来します。彼らには息つく暇もありません。すぐに繁殖期が始まるからです。一夫多妻制のアメリカウズラシギは、抱卵から悪ガキの世話まで、すべてをメスが引き受けます。とはいえ、オスが暇なわけではありません。オスの目的は、短い繁殖期の間にできるだけたくさんのメスに自分の子どもを産ませることなのです。

　繁殖地は北極圏にあるので、夏は日が沈みません。オスたちはその間、ライバルを蹴散らし、メスを追いかけ、アプローチを仕掛けて忙しく過ごしています。寝る間も削って熾烈な競争を繰り広げているのです。あるオスは19日間で95％の時間、起きていて、合計睡眠時間は23時間に満たなかったことが分かっています。

　しかし、睡眠時間の短いオスほどメスとのかかわりが多く、妻や子どもをたくさん抱えているのも事実です。またオスは1か所に留まらずに北極圏を飛び回り、メスが多い場所を見つけたら、しばらくそこで繁殖のチャンスを狙います。繁殖期のオスの平均的な移動距離は、3000km以上にもなるのです [63, 64]。

自分の遺伝子を受け継いだ子

# フウチョウの華麗なる求愛セレモニー

インドネシアやニューギニアの熱帯雨林には食べ物が豊富。そこで、フウチョウの仲間は持ちうる時間のすべてを求愛行動に捧げ、鮮やかな羽毛やユニークな柄、そして求愛ダンスを進化させてきました。

オオウロコフウチョウは翼を大きく広げ、頭を左右に振りながら、胸元の藍色の羽毛でアピールします。

カタカケフウチョウは楕円形の黒い飾り羽を広げると、メスの周りをピョンピョン跳びはねます。頭と胸元のターコイズブルーの羽毛でできた模様は、奇妙な笑い顔のようです。2018年に新種として独立したフォーゲルコップカタカケフウチョウはカタカケフウチョウとよく似ていますが、メスの周りでちょこちょことサイドステップを踏みます。

カンザシフウチョウはスカートのような黒い羽を広げると、頭についている触角のような飾り羽を揺らし、頃あいを見計らって、胸元の鮮やかな羽毛を光らせます。

これでもまだ足りないのか、フウチョウの中には、可視光線の99.95%を吸収する黒色の羽毛を生やしているものがいます。この羽毛は普通の黒い羽よりも小羽枝がさらに細かく枝分かれした特殊な構造をしており、そこに当たった光は、密になっているその羽毛構造に入り込んで、外に反射しないようになっています。

オスがメスに色つきの羽毛をアピールするとき、この特殊な構造をしたマットブラックの羽が、色のついた羽をより際立たせて、メスに印象づけているのです。カタカケフウチョウの場合、ツヤ消しの羽は、胸元にあるターコイズブルーの羽の周りに生えています。メスからは見えない背中の羽毛は、普通の黒い羽です[65]。

小羽枝がさらに枝分かれした特殊構造のマットブラックの羽

普通の黒い羽

# フウチョウの求愛ダンスいろいろ

オオウロコフウチョウは翼を広げて頭を左右に振る

カタカケフウチョウはメスの周りを跳びはねる

2018年に新種とされた
フォーゲルコップカタカケ
フウチョウはメスの周りで
左右にステップを踏む

カンザシフウチョウは頭の飾り羽をフリフリする

# 師弟で踊るオナガセアオマイコドリ

繁殖期になると、ほとんどのオスは自分の子孫を増やすことに全力投球し、互いをライバルとみなします。ですが中米に住むオナガセアオマイコドリは、師匠が求愛ダンスを踊るとき、弟子がパートナーを務めます。

オナガセアオマイコドリのオスたちは「求愛チーム」を編成しています。各チームの構成メンバーは血縁関係のないオス8〜15羽で、年長者を筆頭に年齢順の序列があります。

求愛セレモニーは通常、師匠と一番弟子との共同作業です。そのチーム専用の求愛場で彼らがペアダンスをメスに披露し、メスがダンスを気に入ったら、一番弟子は役目を終えて退場。そのあとはその場に残った師匠がソロで踊り、メスと交尾します。

この師弟関係は数年間続くこともあります。他の弟子たちは見習いとしてダンスを見学したり、ダンスの技を磨きあったりしていますが、中には複数の師匠に弟子入りしているオスもいます。弟子が一番下っ端から下積み生活を経て、最終的に師匠になる年齢は平均で10歳です。そうやってようやくメスと交配する権利がめぐってくるのです[66]。

交尾もできずにひたすら師匠のダンスにつきあっていて、何かいいことはあるのでしょうか。ダンスがうまくなる他、師匠が死ぬと通常は、一番弟子が師匠のポジションに繰り上がって求愛場を引き継ぐので、いずれは自分のために踊れるようになります。ただし、それまで辛抱すること、そして長生きすることが前提ですが。

いつかボクの番がめぐってくるさ！

求愛中のオナガセアオマイコドリ

オス2羽で求愛ダンスを踊る

弟子

師匠

弟子はダンスから抜ける

残った師匠がようやくメスと交尾する

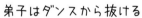

# 子育て用の巣、あれこれ

　鳥の巣は卵を産み、温め、子育てする
ための仮のすみかで、卵やヒナを悪天候
などから守る役割があります。巣の材料
や形、巣をかける場所は鳥の習性によっ
て違います。

　台湾の中央研究院の研究によると、近
縁種になるほど巣の形が似ていることが分
かっています。ですがこの、「どこに巣をか
けたらいいのか」という重要な問題の答え
は、状況によってコロッと変わります[67]。

地面に直接卵を産むのは原始的な巣の形。
盛り上がった形をした巣や洞穴型の巣は
あとから登場した

シロアゴヨタカ

カイツブリ

ヘラシギ

ヨーロッパフラミンゴ

材料を積み上げて
こんもりさせる

カワセミは自分で
穴を掘る

ニュウナイスズメはすでに
ある穴を使う

ミサゴ

お椀形やボール形、ボール形に通路がついたものなど、多種多様

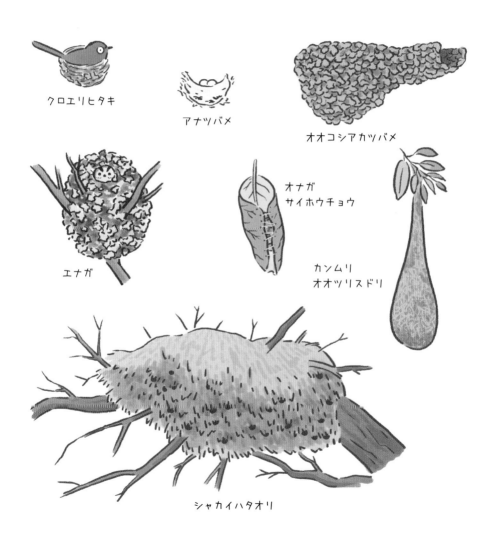

クロエリヒタキ

アナツバメ

オオコシアカツバメ

エナガ

オナガ
サイホウチョウ

カンムリ
オオツリスドリ

シャカイハタオリ

# これで巣作りだ！

草はクロエリヒタキの
巣作りに欠かせない材料

エナガは羽毛を
2000枚以上も使う

イエツバメは泥を運ぶのに
何百回も往復する

アカフトオハチドリはコケを巣の外
に貼りつけてカモフラージュする

アオガラは
ハーブで虫対策

あ！
うんこが取られちゃった！

フンコロガシ

アナホリフクロウは
巣の入り口に動物の
フンをばらまいて虫
をおびき寄せる

アメリカオオコノハズクは
テキサス・ブラインドスネーク
を拉致して巣の掃除をさせる

# こんなものまで！　巣の材料いろいろ

　巣をかける場所は、天敵に見つからないよう、特に慎重に選ばねばなりません。一番いいのは、近づきにくく見えにくいところです。場所が決まったら次は材料探し。木の枝や動物の毛、泥、クモの糸などはよく使われる材料ですが、中には巣をカモフラージュするために、地衣類やコケを巣の外側に貼りつける鳥や、柔らかいコケや鳥の抜け毛を巣の中に敷き詰める鳥もいます。

　アオガラのメスは卵を産むと、ヒナが巣立つまでの間、静菌作用や防虫効果のあるラベンダーやミントなどのハーブを巣に入れることがあります[68]。

　アナツバメやアマツバメは、自分の唾液で巣を固めます。アナツバメの唾液でできた巣を処理したものが、中華食材の「ツバメの巣」です。

　アナホリフクロウは巣穴の入り口に動物のフンをばらまいて、においにおびき寄せられた昆虫を捕まえます[69]。

　アメリカオオコノハズクは、テキサス・ブラインドスネークを生け捕りにして巣に連れ帰ります。さらわれたヘビのほとんどは、アメリカオオコノハズクの巣穴の奥、ゴミの中に住んで、そこにいる害虫を食べるようになります。この清掃員がいると巣穴の虫が減るだけでなく、ヒナが元気に育つのです[70]。

ママ、
このヘビ食べてもいい？

ഐ　→　テキサス・ブラインド
　　　　　スネーク

# ハチドリと頼もしいお隣さん

不動産業者に言わせると、家を買うときの重要なポイントは一にも二にもロケーション、つまり立地だそうです。そこさえ押さえておけば間違いないとのことですが、これはノドグロハチドリにも当てはまります。

ノドグロハチドリはよく、クーパーハイタカやオオタカの巣の近くで営巣します。彼らが無償のボディーガードになり、いつも巣の近くで旋回や急降下を繰り返しているので、ハチドリを狙うメキシコカケスが近づけないからです。メキシコカケスはタカの巣の近くに来ると、タカを怖がって普段よりも高いところを飛び、急降下エリアには入ろうとしません。こうしてタカの巣の周りで、ノドグロハチドリの安全地帯ができあがるのです。

頼もしいお隣さんのおかげで卵とヒナが安全でいられるので、このエリアに住んでいるハチドリは繁殖の成功率が上がります[71]。でも、なぜタカはハチドリを襲わないのだろうと不思議に思いませんか?

ハチドリとタカでは体重差200倍。体の大きな猛禽類にとって、ハチドリは小さすぎるし動きも素早すぎるので、苦労して捕まえる価値がないのです。食べたところで腹の足しにもならない小さな鳥は、相手にしても仕方がないのでしょう。

???

いつもありがとう!

# ノドグロハチドリはタカの巣の近くに住んでいる

ロケーション最高
一番人気の物件です

完売!!!

クーパーハ
隠れ家的

クーパーハイタカの
巣から200m
食べ物が豊富

オオタカの巣から300m
日当たり良好

オオタカの巣から500m
生活至便

このオオタカは
ドンくさそうだわ

このタカはイカツイ顔
してるわね

クーパーハイタカとオオタカ
どっちがいいと思う?

数百羽ものシャカイハタオリは巨大コロニーで
共同生活を送っている（他の鳥も利用する）

# シャカイハタオリの巨大マンション

　人口が集中している都市では、人々がいろんな集合住宅に住んでいます。一方、アフリカ南部には、木や電柱の上に奇妙な草のかたまりがあります。これがシャカイハタオリの集合住宅です。彼らは植物の茎を主な材料にして小部屋をいくつも作り、木の葉と動物の毛を敷き詰めて、専用の出入り口もつけます。この巨大コロニーでは、数百羽の仲間が一緒に暮らせるのです。

　そこでは、シャカイハタオリの何百組ものつがいが子育てをします。先に生まれた兄や姉もヘルパー（p.140参照）として子育てに参加し、自分の弟や妹だけでなく、近所の子の面倒も見ます。そしてヒナが大きく

なったら、新しい部屋に引っ越します。こうして、複数の世代が同居しているのです[72]。

　大草原が広がるアフリカのサバンナでは、夏の最高気温が40℃を超え、冬場は氷点下まで下がるうえ、灌木も低木もあまり生えていません。ですからシャカイハタオリの巨大コロニーは、暑さや寒さをしのぐうえで欠かせない場所でもあるのです。暑い盛りには日差しを遮り、寒い時期には暖かいこのコロニーは、他の鳥も休憩や住居に使っています。コビトハヤブサはシャカイハタオリのコミュニティの一角に住んで、自分の子どもを育てています。

家賃払ってもらってないんだけど

# 総排泄腔のキス

鳥は、排泄と交尾と産卵を「総排泄腔（そうはいせつこう）」という一つの出口でおこないます。

まず、総排泄腔からは、消化器官から出る食べ物のカス（黒色）と腎臓から代謝された尿酸（白色）が混ざりあったものが排出されます。ですから、あなたの頭を直撃した鳥のフンは、実は大便と尿の混合物です。鳥の腸は短いのでフンをためておけません。もよおしたらすぐに出すことで、体重を減らし、飛ぶときの負担を小さくしています。

そして、ほとんどの鳥のオスにはペニスがないので（カモには30cmにもなるペニスがありますが）、オスとメスが総排泄腔をこすりあわせるのが鳥の交尾です。

この総排泄腔接触行動を、英語では「cloacal kiss（総排泄腔のキス）」と言い、オスがメスの背中に乗って、自分のお尻をねじらせてメスの総排泄腔にくっつけます。たいていは数秒間で終わり、あとは産卵を待つだけです。

三つの欲求を1か所で完了！

# 総排泄腔の三つの役割

**1. 排泄**

へったくそ！

**2. 交尾**

**3. 産卵**

# 卵ができるまで

　ほとんどの鳥は、左側の卵巣と卵管が発達していて、右側は退化しています。成熟した卵細胞（卵黄）は卵巣を出て卵管に入り、その漏斗部で受精します。次に、膨大部と呼ばれる卵管の一番長い部分を通過して卵白をまとい、続いて、峡部で卵白の外側に外卵殻膜と内卵殻膜ができます。最後に子宮に入ると、炭酸カルシウムで卵殻が作られ、色や模様がつきます。このプロセスに、一番時間がかかります。スズメ目の多くは通常、夜に卵殻が作られ、あくる日の早朝に卵を産みます。

　殻のほとんどはカルシウムでできているので、産卵はメスの体から大量のカルシウムを奪います。そのため、メスは卵を産む前に、カタツムリの殻などカルシウムの豊富なものをたくさん食べます。

　さて、卵の殻ができたら、膣、そして総排泄腔へと送られ、産卵準備に入ります。卵一つを作るのに約1日かかるため、メスは通常、1日に一つしか卵を産めません。大型の猛禽類の中には3〜5日かかる鳥もいて、カツオドリは7日もかかります。

カルシウムをたくさん摂らないと、
卵の殻がもろくなるのよね！

# 卵細胞が卵になって産み落とされるまで約1日

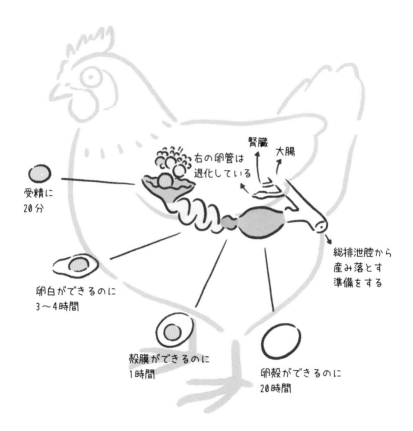

受精に
20分

右の卵管は
退化している

腎臓　大腸

総排泄腔から
産み落とす
準備をする

卵白ができるのに
3〜4時間

殻膜ができるのに
1時間

卵殻ができるのに
20時間

3-11

# 卵を温める「抱卵」の秘密

生まれたての卵は、胚の発育が始まっていないので、すぐにはかえりません。そのスイッチを入れるのが、抱卵です。親鳥が抱卵を始めると、その体温で卵の内部の温度が上がって、胚が成長し始めます。

多くの親鳥は抱卵中、おなかの羽毛が抜け落ちた姿になります。この「抱卵斑（brood patch）」ができたツルツルのおなかでは、皮膚下の血管が枝分かれしていて、卵に熱を伝えやすくなっています。カツオドリはおなかではなく水かきで卵を温めますが、やはりその間は水かきの血管が増えています[73]。

メスが全部の卵を産み終えてから抱卵を始めると、複数の卵からヒナがほぼ同時にかえります。これを「一斉孵化（synchronize hatching）」と言います。

一方、メスが全部の卵を産み終わらないうちから先に産んだ卵が孵化し、あとに産んだ卵は遅れて孵化するのが「非同時孵化（asynchronous hatching）」です。

かえる時期がちょっとずれるだけじゃないかと思うかもしれませんが、ナスカカツオドリの第一子と第二子の間には4〜7日の開きができます。この間、第一子は両親が運んでくる食べ物を独り占めして丸々と成長しています。ですが第二子は生まれた直後から、第一子に虐待される運命にあります。巣から追い出されても、親鳥は守ってくれません。こうして第二子は放置されてやせ細り、やがて最後には餓死するか、他の動物に食べられてしまうのです。

食べ物が無限にあるわけではないので、親鳥にしてみれば、最も将来性があるヒナに投資したいのでしょう。卵を2個産むのはおそらく、一つ目の卵が失敗したときに備えて保険をかけているのでしょうね[74]。

抱卵中に、卵にできるだけたくさん熱を伝える → 小型の鳥の抱卵斑 おなかがツルッツル

ペンギンの抱卵斑

カツオドリは水かきの血管が増える

# 孵化の時期がずれると
# ヒナの体格や競争力に差が出る

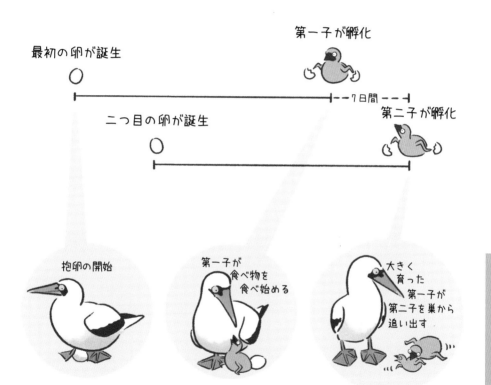

第一子が孵化

最初の卵が誕生

7日間

第二子が孵化

二つ目の卵が誕生

抱卵の開始

第一子が
食べ物を
食べ始める

大きく
育った
第一子が
第二子を巣から
追い出す

3-12

シロチドリは天敵の前で、
ケガをしているような格好をする

どうしよう
飛べないわ～！

少しずつ巣から遠ざかる

捕まえてみなさいよ！

ヒナも卵も渡さない！

ふ～
危ないところだったわ！

# 必死でヒナを守る親たち

巣の近くに天敵が現れると、大型の猛禽類なら、苦労して産んだ卵やヒナを守るため、侵入者に立ち向かって追い払います。でもこの場合、自分も危険にさらされる恐れがあります。

こうした場合に、天敵の注意を巣からそらすような行動を取る鳥もいます。彼らは翼を広げて地面に腹ばいになり、ケガをして飛べなくなったような格好※をして少しずつその場から離れます。天敵が引きつけられて、巣から十分に遠ざかると、バタバタバタッと飛び立つのです。あとには、目が点になった天敵だけが残されます[75]。

こうした「擬傷行動 (injury feigning)」は、地面にそのまま卵を産むヨタカ、そしてシロチドリなどのチドリの仲間によく見られます。もしこの先どこかで、必死で子どもを守ろうとしている大根役者を見かけたら、どうかその

れにダマされたふりをして、すぐに立ち去ってあげてくださいね。

とはいえ、ヤマムスメやカササギフエガラスなど、アブない鳥もたくさんいます。彼らは繁殖期になると攻撃性が高まり、通りすがりの人をしょっちゅう襲っています。ですからオーストラリアの公園には、「鳥が繁殖期に攻撃的になるのは普通のことです」と警告する看板が立てられていることがあります。

オーストラリアのシドニーでは2019年、カササギフエガラスが自転車に乗った人にケガをさせる事例が相次いだため、地方議会はこの鳥の一部を駆除。すると、「鳥が繁殖期に凶暴になるのはオーストラリア人の常識だ」という抗議が殺到しました。

※卵を守りたい気持ちと逃げなければという気持ちがぶつかりあって、奇妙なしぐさをすると考えられる

3-13-1

うちの子から離れなさいよっ!!!

猛禽類のメスはオスよりも体が大きいものが多い

アタシ太ってる？

ハイタカのメス
258g

# オスとメス、どっちがきれい？

　昆虫でも両生類でも哺乳類でも、たいていオスとメスでは見た目が違っています。鳥も例外ではなく、ほとんどのオスはメスよりも目を引く見た目をしています。これを「性的二型（sexual dimorphism）」と言います。ダーウィンはこの現象を「性淘汰（sexual selection）」で説明しました。オスが縄張り争いをしたり、メスをめぐって競争したりした結果、大きな体や目を引く見た目に進化したという説です。

　その逆もあります。メスのほうが大きい体や美しい羽をしている場合は、「性的二型の逆転（reversed sexual dimorphism）」。一妻多夫制のタマシギやレンカクの世界では、卵を温めてヒナを育てるのはオスで、メスがオスをめぐって他のメスと競争します。ですからメスの羽の色はオスよりも鮮やかです。タカやハヤブサ、フクロウなどの猛禽類も、メスのほうが大きな体をしています[76]。

　猛禽類のオスとメスの体格が違うのは、獲物の種類と小回りの利きやすさが関係していることが明らかになっています。通常、猛禽類はメスが子育てを、オスが狩りを担当します。大きな獲物よりも小さな獲物のほうが数は多いので、体が小さいほうが狩りのときに小回りが利き、コンスタントに獲物を手に入れられるという利点があるのです。たとえば鳥を主食とするハイタカのオスとメスの体格差は、腐肉を食べるハゲワシのオスとメスよりはるかに大きいのです[77]。

い、いや……
とってもスリムだよ

オス
149g

# 伝説のおばあちゃんアホウドリ

　70歳で子どもを産むという選択肢はちょっと考えられないと思いますが、推定年齢70歳を超えても、毎年のように故郷に帰って子どもを産み育てているコアホウドリがいます。ハワイの西北に位置するミッドウェー島はコアホウドリの一大繁殖地で、例年、百万羽が帰郷して子育てをしていますが、その中で一番有名なのが「ウィズダム（Wisdom、知恵という意味）」の名を持つおばあちゃん鳥です。

　研究者がウィズダムに足環をつけたのは1956年。このときウィズダムはミッドウェー島に繁殖に帰っていたので、少なくとも5歳にはなっていたと推測されています。コアホウドリは性成熟が遅めの鳥で、生まれてから3〜5年は海洋で生活します。そして5歳くらいになると、生まれ故郷に飛来してパートナーを探します。いったんつがいになったら数十年は連れ添い、通常は6〜8歳になったら最初の繁殖をするのです。

　1回に育てるのは1羽だけ。まず2か月かけて、夫婦が交代で卵を温めます。そして、モコモコの羽毛に包まれたヒナがかえると、5〜6か月もの間、その世話をします。時間も労力もかかるため、ほとんどのコアホウドリは、毎年繁殖することはありません。

　ですがウィズダムは、2006年から2018年まで毎年、そして2020年もミッドウェー島に帰り、子どもを産み育てました。この出産・育児の大ベテランは、これまでに40羽を超えるヒナを育てており、出産する世界最高齢の鳥として知られています[78, 79]。

今年はちょっと休ませて！

コアホウドリは大人になると
故郷に帰って伴侶を探す

つがいになったら数十年連れ添う

求愛ダンスではオスと
メスが一緒に踊る

1回の繁殖で育てるのは
1羽だけ。2か月かけて
交代で卵を温める

ヒナがかえったら、5〜6か月
世話をする

巣は簡素な皿状

ふぅ、疲れたわ〜

# 托卵攻防戦

ほとんどの鳥が子育てに追われているのをしり目に、誰かの巣にこっそり卵を産みつけて、自分では巣を作らず、抱卵もしない鳥がいます。育児という大変な仕事を他の鳥（仮親）にやらせることを「托卵（brood parasitism）」と言います。托卵するのは鳥全体の1%ほどで、カッコウの托卵はよく知られていますが、他に、北米のコウウチョウや南米のズグロガモ、アフリカのノドグロミツオシエやカッコウハタオリなども托卵します。

とはいえ、托卵もそう簡単ではありません。メスは仮親候補の行動をじっくり観察してターゲットを絞り、その鳥が巣を離れたすきに忍び込んで、素早く卵を産まなければなりません。もしターゲットに気づかれたら、大声でパートナーを呼ばれて追い払われてしまうからです。

カッコウの仲間には、特に胸元の縞模様や背中のベージュ色などが小型の猛禽類にそっくりのものがいます。この「擬態（mimicry）」を見た仮親候補がびっくりして、慌てて巣から飛び立ったり、神経質に鳴き叫んだりした拍子に、巣の位置がバレることがあります。ちなみにこの柄には、攻撃的な仮親候補や天敵に遭遇したときに相手を威嚇する役割もあります。

一方、托卵の習性があるカッコウハタオリのメスは、托卵をしないキンランチョウのメスによく似た姿で、仮親候補に警戒心を抱かせないようにしています。

しかし、仮親にされる鳥も進化して卵を見分ける能力を身につけ、他の鳥が産みつけた卵を巣から蹴落としたり、巣ごと放棄したりするようになりました。すると托卵鳥の産む卵の見た目が、仮親のそれに似てきたのです。ただ、カッコウやカッコウハタオリは、それぞれの種としてはいろんな仮親の卵に似たさまざまな色や柄の卵を産んでいます。ですが、いくら頑張っても、1羽のメスは1種類の柄の卵しか産めないので、特定の仮親にしか卵を託せません。

擬態技術が向上すれば擬態防止技術も上がります。カッコウハタオリにしょっちゅうダマされていたメジロハウチワドリは、メスごとに色や柄の違う卵を産むようになりました。それはまるで、偽造を防ぐための透かし模様のようです。

ですが、カッコウから托卵された経験が浅いヨーロッパヤブグリは、カッコウの卵と自分の卵がまるで似ていなくても卵を捨てたりしないので、カッコウのほうもヨーロッパヤブグリの卵をマネする能力を持つにいたっていません。

仮親候補が托卵鳥
を追い払う

托卵鳥が別の鳥
に擬態する

猛禽類だ！
逃げよう！

仮親が托卵された卵
を捨てることを学習

だまそうったって
そうはいかない

### 托卵鳥が仮親の卵に似た卵を産む

| | シロビタイ<br>ジョウビタキ | アトリ | ニシオオヨシキリ | マキバタ<br>ヒバリ | セアカモズ | |
|---|---|---|---|---|---|---|
| 仮親 |  |  |  |  |  |  |
| カッコウ |  |  |  |  |  |  |

### 仮親が卵の見た目のバリエーションを増やす

フン！
アタシたちメスはみんな、
オリジナルの柄の卵を
産んでいるのよ！

憎たらしい！
難しくなっちゃった
じゃないの

| メスA | メスB | メスC | メスD | メスE |
|---|---|---|---|---|
|  |  |  |  |  |
|  |  |  |  |  |

マミハウチワドリ

カッコウハタオリ

### 托卵鳥のヒナがライバルを攻撃する

**1.** あばよ！
カッコウは仮親の卵を
巣から押し出す

**2.** やっちまえ！
ミツオシエのヒナは
仮親のヒナを殺してしまう

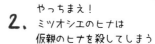

**3.** 翼の黄色い模様が、仮親の
給餌意欲をかきたてる

**4.** 仮親のヒナ
そっくりに生まれる

この子たちは
ニセモノ！

仮親が巣を捨てる

ふんっ！
ダマされへんわ！

これから
どうなる？

卵の段階で防衛ラインが破られたら、攻防戦は次の段階に突入です。托卵鳥のヒナは通常、仮親の卵よりも早くかえって、さまざまな手を打ってきます。カッコウのヒナは、他の卵を自分の背中に乗せて巣の外に落とし、仮親を独占します。ミツオシエのヒナは、先が鋭いカギ状をしたクチバシで、あとからかえった仮親のヒナに嚙みついて振り回します。すると、そのヒナは数時間後には、皮下出血やひどい捻挫で死んでしまうのです。インドシナジュウイチのヒナは、仮親の前で翼を広げます。その内側には黄色い模様があるので、仮親からはたくさんのヒナが口を開けているように見え、親としての給餌意欲が高まります。

　仮親は通常、ヒナがかえったらそのヒナが巣立つまで世話をし続けますが、中には違和感を覚えて托卵鳥のヒナを追い出すものもいます。

　ルリオーストラリアムシクイはヒナを巣ごと放棄し、ハシブトセンニョムシクイはアカメテリカッコウのヒナを巣から引きずり出します。しかし、アカメテリカッコウをはじめとするテリカッコウ3種のヒナは、主な仮親のヒナとほとんど変わらない見た目に進化してきています[80, 81]。

　この攻防戦、最後に笑うのは果たしてどちらでしょう!?　今後の展開から目が離せません。

自分の子どもは
自分で育てなさいよ！

VS

ごめんだわ！

# みんなで子どもを育てる鳥もいる

　ワンオペ育児をする鳥、つがいで子育てする鳥の他に、大家族で集まって子育てする鳥もいます。世界にいる約1万種の鳥のうち、約300種が巣作りや抱卵、給餌を（自分の子でなくても）仲間と一緒にやっています。これを「協同繁殖（cooperative breeding）」と言います[82]。

　協同繁殖には、ヤマムスメのように血縁関係のある鳥で子育てする「ヘルパー制（helpers-at-the-nest）」というシステムがあります。この場合、卵を産むメスは1羽だけで、ヘルパーは通常、そのメスが以前に産んだ子どもたちが担当します[83]。

　ヘルパーがいると、両親は縄張りの防衛や給餌を手伝ってもらえるので育児の負担が減り、ヒナをより手厚く育てることができます。またヘルパー自身も子育て経験を積めるので、将来、自分が卵を産むときにも役立つことでしょう。

　そんな鳥の中でも、一つの巣を共有して（joint nesting system）子育てする鳥は20種もいません。そのほとんどは血縁関係のないメンバーで群れを作り、その中の1羽以上のメスが一つの巣の中に卵を産みます。

　たとえば、台湾の高・中標高の山地にいるカンムリチメドリは、台風や豪雨に見舞われたり天敵に卵やヒナを食べられたりして、しょっちゅう繁殖に失敗しています。ですが仲間が多いと巣作りが早く終わるうえ、もし失敗してもすぐに次の巣をかけることができます。親同士がこうしてリスクを分散させながら育児負担を分かちあえば、繁殖期の苦労を減らすこともできます[84, 85]。

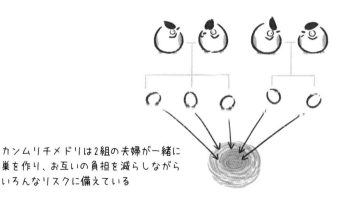

カンムリチメドリは2組の夫婦が一緒に
巣を作り、お互いの負担を減らしながら
いろんなリスクに備えている

ヤマムスメは先に生まれた子どもがヘルパーになって、
親鳥の負担を減らし、子育て経験を積んでいる

*04*

第4章

飛んで旅をする鳥たち

# 渡る鳥、渡らない鳥

鳥の多くは空を飛んで移動します。鳥が季節とともに移動したり、決まった場所を周期的に行ったり来たりするようになったのも、一つには飛べるからです。

1年を通して同じ場所に住み続けられる、生息環境に恵まれた鳥もいますが、生き抜くには厳しい季節がめぐってくる場所に住んでいる鳥は、一時期、違う場所に移動しなければなりません。鳥の移動パターンは、ざっと次のようになります。

1. 留鳥：繁殖期や越冬期も含め、一年中同じ場所にいる鳥。いわば地元民。

2. 渡り鳥：繁殖地と越冬地を、毎年行き来する鳥。初夏の繁殖期に現れる渡り鳥を「夏鳥」、繁殖期ではない秋と冬に現れる渡り鳥を「冬鳥」という。つまり、同じ鳥でも繁殖地に住む人にとっては夏鳥、越冬地に住む人にとっては冬鳥になる。移動中は体力を消耗するので、渡り鳥は通常、中継地 (p.146参照) で休憩して食べ物を補給する。そこに住む人にとって、こうした渡り鳥は「旅鳥」に当たる。

3. 迷鳥：天候など何らかの理由で、渡りの経路から外れてしまった鳥。

どうも〜！
また来たよ！

144

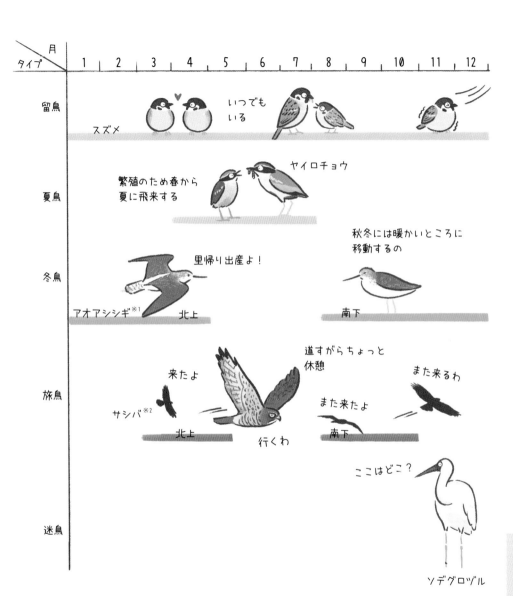

| タイプ / 月 | 1 | 2 | 3 | 4 | 5 | 6 | 7 | 8 | 9 | 10 | 11 | 12 |
|---|---|---|---|---|---|---|---|---|---|---|---|---|

留鳥

いつでも
いる

スズメ

夏鳥

繁殖のため春から
夏に飛来する

ヤイロチョウ

冬鳥

里帰り出産よ！

アオアシシギ※1　　　北上

秋冬には暖かいところに
移動するの

南下

旅鳥

来たよ

サシバ※2　　　北上

道すがらちょっと
休憩

また来たよ

行くわ　　　南下

また来るわ

迷鳥

ここはどこ？

ソデグロヅル

※1　日本では、沖縄など西日本では越冬が見られるが(冬鳥)、春・秋のみに訪れる場合も多い(旅鳥)

※2　日本においては、夏鳥となることもあれば、旅鳥あるいは冬鳥となることもある

# 鳥はなぜ南北に移動する？

鳥が渡りをするようになった理由はいろいろ考えられます。

一つの説はこうです。鳥はかつて南半球の熱帯雨林で大量に増え、ついには、土地や資源が足りなくなった。そこで、一部の鳥が緯度の高い地域に繁殖エリアを広げることを選択。しかし冬が到来するころには低緯度の場所に帰らざるを得なくなった……。

あるいは、北半球の高緯度エリアに住んでいた鳥の一部が、冬が近づくと低緯度の地域に移って冬を越すようになった。そうして毎年、行ったり来たりしているうちに、最終的には同じ経路を定期的に行き来する「渡り」をするようになった……。そんな説もあります[86]。

グローバルな視点で考えたある専門家は、季節的な気温の変化が、鳥が渡りをするようになった主な理由だと指摘しています。鳥は寒くなると、体温を保つために普段よりもエネルギーを必要とするのに、冬場は食べ物が十分に手に入らなくなるからです。そして、それ以外の環境条件が渡りの理由になることはあまりないそうです[87]。

鳥は渡りの途中、「中継地 (stop-over site)」で適時食事をして体力を回復させなければなりません。ですから陸地と海の位置関係は、飛行経路の選定にも影響します。たとえば、シベリアや中国の東北地方、モンゴルで繁殖する渡り鳥は、カムチャツカ半島、日本、台湾、フィリピン、東南アジアを経由して、最終的にオーストラリアに飛来します。東アジアとオーストラリアを結ぶルートを持っているのですね。その間にある島々は、渡り鳥が羽を休める大切な中継地なのです。

# ミユビシギの年間スケジュール

繁殖地に戻って
子育てする

南に渡る

繁殖地
越冬地

越冬地で冬を越す

北に向かって
旅立つ

# 鳥たちの航路「フライウェイ」

　それぞれの渡り鳥には通常、決まった移動ルートがあります。これらは地理的に見て、世界で主に八つのフライウェイに分けられます。毎年約100億羽もの鳥がフライウェイに沿って、緯度を越える大移動をしています[88]。

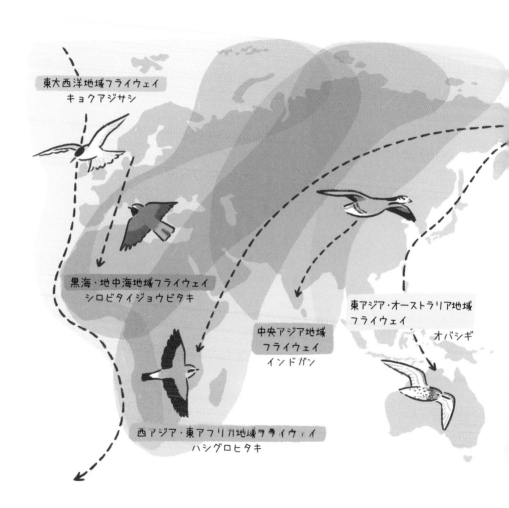

東大西洋地域フライウェイ
キョクアジサシ

黒海・地中海地域フライウェイ
シロビタイジョウビタキ

中央アジア地域
フライウェイ
インドガン

東アジア・オーストラリア地域
フライウェイ

オバシギ

西アジア・東アフリカ地域フライウェイ
ハシグロヒタキ

アメリカ大西洋地域フライウェイ
コオバシギ

アメリカ太平洋地域フライウェイ
アカフトオハチドリ

ミシシッピ地域フライウェイ
ハネビロノスリ

世界を地理的に見て、八つの
フライウェイに大別している

# 標高移動と近距離移動

## 標高移動

　高地では冬を迎えると冷え込みが厳しくなり、食べ物も減ります。ですから鳥の中には、快適な環境を求めて、冬場に平地や標高の低い場所へと移動するものもいます。台湾やヒマラヤ山脈、アンデス山脈など勾配が急な場所では、鳥の標高移動はありふれた行動です。台湾ではカンムリチメ

ドリやズアカエナガが標高移動しています。

　これとは逆に、シロガシラクロヒヨドリやゴシキドリのように、標高の低い場所から高い場所に移動する鳥もいます。山から下りてきた他の鳥と食べ物争いをしたくないのかもしれませんし、食べ物の分布が季節によって変わることが影響しているのかもしれません[89]。

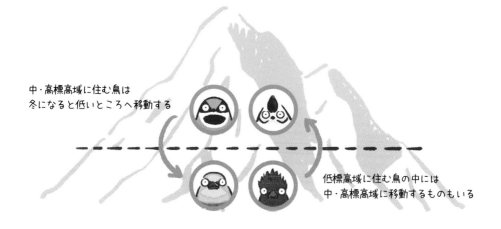

中・高標高域に住む鳥は
冬になると低いところへ移動する

低標高域に住む鳥の中には
中・高標高域に移動するものもいる

## 近距離移動

　鳥の中には、比較的狭い範囲内で起きる環境の変化に合わせて、夏と冬で住む場所を変えるものがいます[※]。

　たとえば、オーストラリアが春を迎える9月、東部のグレートディバイディング山脈の西側では乾燥が進むため、ムナオビトサカゲリやノドグロヤイロチョウが東側のブリスベンに移動します。

　こうした季節移動は、通常は移動距離も短く、自分たちに適した環境が見つかったら、すぐにその場に落ち着きます。

※日本国内だけで移動する鳥は、一般に「漂鳥」と呼ばれる。ただ、ウグイスやルリビタキのように、標高移動を併せておこなうものも含まれる

ちょっと動いて
ぴったりの環境にお引っ越し

4-4

# 長旅の前にはとことん食べる

　夏の終わりには暑さも和らぎ、日が徐々に短くなります。この日照時間の変化が刺激となって、鳥の体内でホルモンが分泌され、長旅に向けた準備がいよいよ始まります。

　最初にするのは食べまくること。渡り鳥はこの時期、脂肪を蓄えるために、ものすごく大食いになります。私たちが車で遠出するときに燃料タンクを満タンにするのと同じように、脂肪は長い空の旅に欠かせない燃料です。渡り鳥は旅で消費するカロリーをまかなえるだけの脂肪を蓄えておく必要があります。大海原では好きなときに休むことができないからです。

　ズグロアメリカムシクイの普段の体重は約12gですが、渡りの前には20gを超えます。元の体重の2倍近くです[90]！　この脂肪が、アメリカ北東部から南米までの2770kmを3日間で飛び切る彼らを助けます[91]。体重わずか3〜4gのノドアカハチドリは、元の体重の4割以上に当たる脂肪を蓄えて旅に出ますが、メキシコ湾を横断する20時間ですべて使い果たしてしまうとか[92]。

　体が準備できたら、次は天候です。雨や霧の日はもちろん、風向きが悪い日も飛ぶには不向きです。でも、いったん天気がよくなったら、ぐずぐずしている暇などありません！　さあ、出発です!!

### 出るに出られぬ……

## 脂肪は飛行に欠かせない燃料

- [X] 脂肪
- [✓] 風向き
- [✓] 天候

これくらい太ればいいかしら

まだまだ

## 雨が降るのも風向きが悪いのも渡りには不向き

- [✓] 脂肪
- [X] 風向き
- [X] 天候

ひゃぁぁぁぁ

こりゃ
ダメだ！

## 体調も天候も整った！　ぐずぐずするな！

- [✓] 脂肪
- [✓] 風向き
- [✓] 天候

出発だ！

4-5

153

# 渡りの季節は大忙し

渡りの季節の空は、昼夜を問わず大混雑です。

晴れ渡った日には日光が降り注ぎ、地表が部分的に温められて、上昇気流が発生します。大型の鳥や猛禽類はその気流のエレベーターに乗って空高く舞い上がり、風に乗って滑空し、体力を温存します。

一方、小さな鳥は代謝もエネルギー消費も速いので、あえて夜に飛ぶものもいます。夜は気流が安定するうえ涼しいので、体温が上がりすぎず、水分の蒸発も抑えられるからです。昼間に飛ぶ猛禽類と鉢あわせしないので、襲われる確率も下がります。

昼間にも夜間にも、それぞれメリットがあるのですが、一部の鳥は昼夜を問わず移動しています[93]。このとき、ガンやサギなどは、Vの字に編隊を組んで飛びます。なぜこんな形になるのでしょう?

先頭の鳥が羽ばたくとき、その翼の下は気圧が高く、上は気圧が低くなっています。そのため翼の先では、下から上に空気が流れて渦状の気流ができます。こうして翼の左右で生まれた気流それぞれに、後ろを飛ぶ鳥が乗れば、スタミナの温存になるのです[94]。

先頭を飛ぶ鳥は気流に助けてもらえないので、みんなでローテーションします。

先導者の翼の先で生まれた
気流を使い、省エネで飛ぶ

## 昼間の渡り

上昇気流を利用できるので、猛禽類は
昼間に渡りをするケースが多い

上昇気流で
体力温存！

## 夜間の渡り

体の小さな鳥はたいてい、涼しくて
気流が安定する夜に飛ぶ

夜は涼しくて
気持ちいいわ～

# 地図もGPSもないのに迷わない

鳥には長旅の途中でも、自分の現在地を把握して正しい方角に進み続けられるという、特殊な能力が備わっています。それを支える能力の一つが、地球の磁場を感じ取る「磁覚」という感覚です。

私たちは方位磁石で東西南北を確かめますが、鳥は体内に「磁気感知系」、つまり磁鉄鉱を装備しています。通常は上クチバシの縁と鼻の中にあり、これで地磁気を感知します。地磁気には、北極と南極の辺りが一番強くて、赤道に近いほど弱いという特性があります。鳥はそれを利用して、位置情報を得ているのです。

以前、ある研究者が、ハイムネメジロの上クチバシに麻酔をかけたところ、強力な磁場にさらされても反応しなくなりました。

また別の研究者は、鳥の目は視覚だけでなく磁覚も備えていると考えていて、眼球内部の「クリプトクロム（cryptochrome、青色光受容体タンパク質）」が光の刺激を受けると、網膜に磁場の「画像」が映し出され、鳥に磁場を「見せて」いるのだと説明しています。

そして渡り鳥は通常、太陽の位置や山、川、海岸線や建築物といった地上の目印からも情報を集めて、方角を総合的に判断しています。夜に渡りをする鳥は、星を頼りに飛んでいます[95、96]。

## 鳥は方位磁石を標準装備

# 何を目印に飛べばいい？

いろんな情報を総合して
進む方角を決めている

星

地磁気

太陽

山など
地上の特徴物

におい

# オスは急いで帰郷する

秋の気配が深まると、渡り鳥たちは暖かな南の地へ向かいます。

種類が同じ鳥でも、渡りのベテランと新米、あるいはオスとメスで、旅立つ時期や経路が違うのはよくあること。一夫多妻制のオスは子育てをしなくていいので、通常はメスより早く繁殖地を出発します。

そして次の春が来ると、1年に数か月しかない繁殖期のために、ほとんどの成鳥が北の繁殖地へと急ぎます。特にオスは、よい営巣地を確保するため、一刻も早く帰郷しなければなりません。また、早く縄張りを持てば繁殖期間が延びるので、子孫を残すチャンスが増えます。

たとえば、台湾で冬を越すコミミズクの75%はメスです。オスが少ないのは、もっと緯度の高い地域で越冬して、素早く北方の繁殖地に戻るものが多いからです[97]。また、アフリカで越冬するシロビタイジョウビタキのオスは、メスより約2週間も早く、ヨーロッパの繁殖地に戻ります[98]。

とはいえ、性成熟に時間がかかる鳥もいます。まだ繁殖力がない若い鳥は、そのまま越冬地に残って夏を越します。夏の暑い盛りに越冬地にいるクロツラヘラサギは、「越夏中の未成鳥」です。彼らにはまだ、結婚適齢期が来ていないのです。

大人になんかなりたくなーい

まだ繁殖力のない若い鳥は越冬地で夏を越す

GO!

北に帰って繁殖だ！

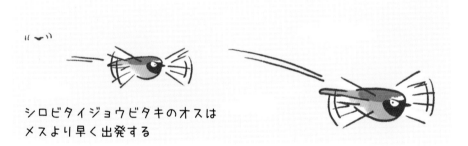

シロビタイジョウビタキのオスは
メスより早く出発する

メスより約2週間早く
繁殖地に到着する

# 渡り鳥を脅かす環境破壊

　長距離を飛び続けるだけでも大変なのに、さらに不測の事態が起こることもあります。体力が続かなくなったり、天候が荒れたり、天敵に遭遇したりすれば、命にかかわります。さらに人による環境破壊が、鳥たちの命をかけた渡りに影響を及ぼしているのは否めません。

　東アジア・オーストラリア地域フライウェイでは、毎年数百万羽もの渡り鳥がロシア東岸やアラスカの繁殖地を飛び立ち、中国や台湾、韓国、日本などを経由してオーストラリアやニュージーランドに飛来しています。その移動距離はあまりにも長く、その間で休憩や栄養補給ができる中継地は重要です。しかし近年、中国などの沿岸部で

は大規模な工事や埋め立てにより、人工海岸の建設が進み、その長さは万里の長城を超えています。急速に消えゆく湿地は開発区に姿を変えてGDPに貢献していますが、このルートを通る渡り鳥の数は激減しています[99, 100]。

　他にも、都市化が進んだところでは、夜間の照明が増えて光害となり、夜に飛ぶ渡り鳥にも悪影響を及ぼしています。「飛んで火に入る夏の虫」という言葉のとおり、都会の強烈な光に引きつけられた渡り鳥が、高層ビルの窓ガラスに激突して死んでしまうケースがあとを絶たないのです。また、強い光は渡り鳥の方向感覚を狂わせて、本来の飛行経路を見失わせてしまいます[101]。

夜間の強い照明も渡り鳥に悪影響を与えている

過去

現在

沿岸部の開発が進むにつれ
生息地も減っている

なんてこった……

イマイチだね……
休むところがどんどん
減っちゃってさ

かなりヤバいわ

あんじょう
たのんまっせ……
あと500羽しか
おれへんのですわ

は〜い!
みなさんお元気?

ミユビシギ(低危険種)　　オグロシギ(準絶滅危惧)　　オバシギ(絶滅危惧)　　ヘラシギ(絶滅寸前)

4-9-1

161

# 気候変動も渡り鳥の脅威

毎年、春が来て北極の氷が解け始めると、ツンドラの地でも気温が上がり、昆虫が姿を見せます。そこへ繁殖のために遠くから飛んできた渡り鳥が続々と降り立ちます。渡り鳥は、ヒナがかえる時期が食べ物の豊富な時期に重なるよう、タイミングを計ってやってきますが、気候変動のせいで氷の解ける時期が33年前より2週間早まり、昆虫の多い時期と孵化の時期がずれるようになりました。その結果、コオバシギのヒナは、以前より小柄になっています。

栄養を十分に摂れなかった未成鳥は、冬の渡りを終えても別の問題に直面します。クチバシが短く、川底の泥の深いところに住んでいる貝を掘れないのです。こうした鳥は仕方なく別の栄養価が低いものを食べていますが、生存率は普通のコオバシギの半分に下がります[102]。

長距離を飛ぶ渡り鳥は、遠方にある繁殖地の気候を予測できません。体内時計や日照時間などを利用する方法では、急激な気候の変化に対応しにくいのです。一方で、越冬地と繁殖地があまり離れていない渡り鳥には、温暖化にともない、渡りの時期を早めているものもいます[103]。

渡り鳥だけでなく、標高の高い山地に住んでいる留鳥も、気候変動のせいで居場所をさらに上へと移動させられています。

ある研究では、ペルーの山地で鳥が住んでいる場所の標高が、この30年間で上がり、生息範囲が狭まっていることが分かりました。絶滅へと向かうエレベーターに乗ってしまったように、すでに姿を消してしまった鳥もいます[104]。台湾のイワヒバリは1992年ごろには標高3500〜3660mに分布していましたが、2014年には生息地の標高が3660m以上になっています[105]。

暑いわね

イワヒバリの生息地の標高は高くなるいっぽう

コオバシギは栄養不足だと
クチバシが短くなる

貝は川底の奥深くにいる

どうやって捕ったの？

海草しか
届かない

クチバシが
長い

# 鳥のレース、1位に輝くのは？

陸地の上を飛ぶだけなら、疲れてもどこかにいい場所を探して何日か羽を休め、元気になってから旅を続ければいいでしょう。しかし大海を越えるなら、しっかり準備しなければなりません。その点、体が大きな鳥は脂肪をたくさん蓄えられるので、持久力があります。現在の持久力最高記録保持者は、アラスカからニュージーランドまでの1万1000kmを、8日間連続飲まず食わずで飛行するオオソリハシシギです[106]。

ですが飛行距離を競うなら、キョクアジサシの右に出るものはいないでしょう。彼らは毎年秋になると北極圏の繁殖地から、これから夏を迎える南極に飛んで越冬します。このときの渡りの距離は往復約7万900kmです。越冬中に飛び回る分を足したら9万kmにもなり、現在のところ渡りの距離が一番長い鳥として知られています。キョクアジサシの寿命を30年として計算すると、一生涯の飛行距離は、なんと月と地

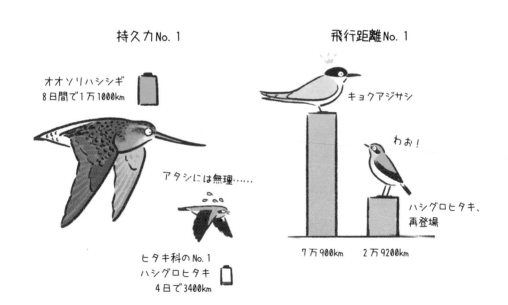

持久力No. 1

オオソリハシシギ
8日間で1万1000km

アタシには無理……

ヒタキ科のNo. 1
ハシグロヒタキ
4日で3400km

飛行距離No. 1

キョクアジサシ

わぉ！

ハシグロヒタキ、
再登場

7万900km　　2万9200km

球の3往復分に相当するのです[107]！

インドガンは毎年、インドやミャンマーなどの越冬地から、ヒマラヤ山脈を越えて中央アジアの繁殖地に帰ります。このときの飛行高度の最高記録は7000m。上空の酸素は希薄で、酸素濃度は海面近くのわずか10%です。インドガンは大きな肺と高密度の毛細血管で酸素を取り込んで行き渡らせ、7〜8時間のうちに海面から高度6000m以上に上昇します[108]。

ハヤブサが獲物を捕らえるときに急降下するスピードは時速300kmに達し、鳥の中で最速です。しかし長距離飛行時の速度なら、第1位の栄冠はヨーロッパジシギに輝きます。彼らの渡りのスピードは、最高時速で97km。休憩もなしで6800kmを一気に飛んでしまいます。しかもこの速度は、追い風の恩恵を受けずにたたき出した記録です[109]。

飛行高度No. 1

スピードNo. 1

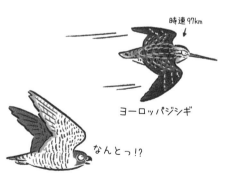

# info

巻末付録

# 鳥名小辞典

| 和名 | 英名 | 学名 | 説明 |
|------|------|------|------|
| ア アオアシシギ | Common Greenshank | *Tringa nebularia* | 日本には春と秋の渡りの途中で立ち寄る水鳥。沖縄や台湾で越冬が見られる。近年、個体数に減少の兆しがあると言われているが、実態はまだよく分かっていない。 |
| アオアズマヤドリ | Satin Bowerbird | *Ptilonorhynchus violaceus* | オスは巣の材料に青い貝殻や羽根、人工物も使ってメスを引きつける。主にオーストラリアに分布。 |
| アオガラ | Blue Tit | *Cyanistes caeruleus* | ヨーロッパでは身近なシジュウカラ科の鳥。研究対象に取り上げられることが多い。 |
| アオハウチワドリ | Yellow-bellied Prinia | *Prinia flaviventris* | 東南アジアなど草地でよく見られる鳥。台湾では鳴き声が「キーシリーディヨボエ」と聞こえるとも言われる。 |
| アオミズナギドリ | Blue Petrel | *Halobaena caerulea* | 南半球の海域に分布する小型の海鳥。海面すれすれを飛びながら食べ物を捕る。嗅覚が敏感。 |
| アカエリヒレアシシギ | Red-necked Phalarope | *Phalaropus lobatus* | 海岸線に沿って渡りをする水鳥。夜には人工光に吸い寄せられてしまう習性があり、日本や台湾の野球場に乱入したこともある。 |
| アカハラヤイロチョウ | Red-bellied Pitta | *Erythropitta erythrogaster*など | フィリピン、インドネシア、ニューギニアに分布するヤイロチョウ。研究が進んだ結果、同一種だと思われていたものが13種に分類された。 |
| アカフトオハチドリ | Rufous Hummingbird | *Selasphorus rufus* | 渡りをするメキシコのハチドリ。アラスカからメキシコまでの飛行距離は3000km以上。 |
| アカメテリカッコウ | Little Bronze-Cuckoo | *Chrysococcyx minutillus* | オーストラリア北東部に生息する小型のカッコウ。ハシブトセンニョムシクイに托卵する。 |
| アトリ | Brambling | *Fringilla montifringilla* | ユーラシア大陸の温帯に分布する小型の陸鳥。台湾で越冬するのはごく少数。 |
| アナホリフクロウ | Burrowing Owl | *Athene cunicularia* | アメリカに分布。巣の入り口にフンをまき、そのにおいにつられて集まってきた虫を捕まえる。 |
| アブラヨタカ | Oilbird | *Steatornis caripensis* | 南米北部に分布し、反響定位で飛ぶ夜行性の鳥。 |
| アメリカウズラシギ | Pectoral Sandpiper | *Calidris melanotos* | アメリカなどで見られる水鳥。夏は北半球のツンドラで繁殖し、冬は南米南部に渡る。 |
| アメリカオオコノハズク | Eastern Screech-Owl | *Megascops asio* | アメリカ東部に分布する小型のフクロウ。羽が樹皮によく似ている。 |
| アメリカガラス | American Crow | *Corvus brachyrhynchos* | アメリカとカナダに広く分布する、一般的なカラス。敵とみなした人の顔を覚えている。 |
| アメリカコガラ | Black-capped Chickadee | *Poecile atricapillus* | アメリカでよく見られる鳥。天敵に気づいたら警戒音を発して仲間に知らせる。 |
| アメリカトキコウ | Wood Stork | *Mycteria americana* | 中南米に広く分布する大型の水鳥。自分の足に排泄物を垂らして体の熱を逃がす。 |

| 和名 | 英名 | 学名 | 説明 |
|---|---|---|---|
| アメリカヤマシギ | American Woodcock | *Scolopax minor* | アメリカ東部に広く分布する。単眼の視野が広く、自分の真後ろまでほぼ見渡せる。 |
| アメリカワシミミズク | Great Horned Owl | *Bubo virginianus* | 北米や南米でよく見られる大型のミミズク。 |
| イエスズメ | House Sparrow | *Passer domesticus* | ヨーロッパから西アジアにかけて広く分布するスズメの一種。一方で北米や南半球では侵略的な外来種。日本や台湾などでよく見られるのは別種の「スズメ」。 |
| イワヒバリ | Alpine Accentor | *Prunella collaris* | 日本や台湾などでは標高の高い場所に生息し、岩場や草地をよく歩いている。 |
| インドガン | Bar-headed Goose | *Anser indicus* | 渡りのときの飛行高度が一番高い鳥。中央アジアの繁殖地からヒマラヤ山脈を越え、南アジアで越冬する。 |
| インドクジャク | Indian Peafowl | *Pavo cristatus* | もともとはインドに生息。動物園などで、あるいはペットとして飼育される。日本の八重山諸島や台湾の金門島では、逃げ出した個体が野生化し、数が増えている。 |
| インドシナジュウイチ | Hodgson's Hawk-Cuckoo | *Hierococcyx nisicolor* | アジアの南部からインドネシアに分布し、托卵する。仮親はヒナの翼にある黄色い羽毛を見ると、ヒナがたくさんいると勘違いしてどんどんエサを運んでくる。 |
| ウミガラス | Common Guillemot | *Uria aalge* | 大人になるとペンギンに似ているウミスズメ科の鳥。北極圏の海域に分布。 |
| エゾビタキ | Grey-streaked Flycatcher | *Muscicapa griseisticta* | 東南アジアに分布する渡り鳥で、日本や台湾にも姿を見せる。木の枝などに止まって、虫が飛んでくるのを待つ習性がある。 |
| エナガ | Long-tailed Tit | *Aegithalos caudatus* | ユーラシア大陸でよく見られる。西ヨーロッパから日本まで広く分布し、協同繁殖をする。 |
| エリマキシギ | Ruff | *Calidris pugnax* | 繁殖羽がゴージャスな水鳥。越冬で日本や台湾にも飛来する。見られるのは地味な冬羽の姿がほとんど。 |
| エンビタイヨウチョウ | Fork-tailed Sunbird | *Aethopyga christinae* | 中国南東部やベトナムに分布する他、台湾の金門島でも見られる。花の蜜を吸う。 |
| オウギハチドリ | Purple-throated Carib | *Eulampis jugularis* | 西インド諸島東部の小島に分布。過去の経験から学習して、蜜のあるところにいち早く向かう。 |
| オウサマペンギン | King Penguin | *Aptenodytes patagonicus* | 南極周辺に分布し、ペンギンの中で2番目に体が大きい。 |
| オウム目 | Parrot & Cockatoo | *Psittaciformes* | 各種オウムを含む分類群。 |
| オオアカゲラ | White-backed Woodpecker | *Dendrocopos leucotos* | ユーラシア大陸の温帯に生息する大型のキツツキ。日本の東日本では森林に、西日本や台湾では高い山地に住む。 |

| 和名 | 英名 | 学名 | 説明 |
|---|---|---|---|
| オオ ウロコフウチョウ | Magnificent Riflebird | *Ptiloris magnificus* | 求愛するときは翼を大きく広げて頭を左右に振りながら、胸元に生えている青色の美しい羽毛を見せつけてメスを引きつける。 |
| オオ キンランチョウ | Southern Red Bishop | *Euplectes orix* | カッコウハタオリが托卵する巣の主。両者のメスは見た目がよく似ていて、区別しにくい。 |
| オオグンカンドリ | Great Frigatebird | *Fregata minor* | 大型の海鳥だが、泳ぎも潜水もできない。食べ物は水面すれすれから捕まえたり他の鳥から奪ったりしている。日本の南西諸島や台湾の海域でも観察された記録がある。 |
| オオコシ アカツバメ | Striated Swallow | *Cecropis striolata* | 東南アジアや台湾でよく見られるツバメ。軒先で巣を作る。日本では、別種で似た外見のコシアカツバメが見られる。 |
| オーストラリア クロトキ | Australian White Ibis | *Threskiornis molucca* | ゴミ箱をあさったり、人が持っている食べ物をかっさらったりするオーストラリアの鳥。現地では「bin chicken（ゴミ箱鳥）」と呼ばれている。 |
| オオソリハシシギ | Bar-tailed Godwit | *Limosa lapponica* | アラスカからニュージーランドまで一気に飛んでしまう渡り鳥。その距離なんと1万1000km。 |
| オオタカ | Northern Goshawk | *Accipiter gentilis* | 大型のタカ科の猛禽類で、北半球の温帯に広く分布。日本では、北海道や本州を中心に見られる。台湾でもまれに見られる。 |
| オオトウゾク カモメ | South Polar Skua | *Stercorarius maccormicki* | 他の鳥の食べ物を力ずくで奪う狂暴な海鳥。南極で繁殖し、世界中の海域で活動する。 |
| オグロシギ | Black-tailed Godwit | *Limosa limosa* | 日本や台湾などに飛来する水鳥。長いクチバシで泥の奥深くにいる食べ物を捕らえる。 |
| オナガガモ | Northern Pintail | *Anas acuta* | 日本や台湾などで越冬する渡り鳥。オスの尾羽が長いのでこの名前になった。個体数はかなり多い。 |
| オナガ サイホウチョウ | Common Tailorbird | *Orthotomus sutorius* | 東南アジアでよく見られる小型の鳥。木の葉をクモの糸で縫いあわせて巣を作る。 |
| オナガ セアオマイコドリ | Long-tailed Manakin | *Chiroxiphia linearis* | 中米に分布し、求愛するオスは弟子と一緒にダンスを踊ってメスを引きつける。 |
| オニオオハシ | Toco Toucan | *Ramphastos toco* | 南米に生息。オオハシの中で最もよく知られている。 |
| オバシギ | Great Knot | *Calidris tenuirostris* | 渡りをする東南アジアの水鳥で、日本や台湾もその通り道。個体数が少なく、さまざまな国や地域で絶滅危惧種に指定されている。 |
| カイツブリ | Little Grebe | *Tachybaptus ruficollis* | ユーラシア大陸やアフリカ大陸に広く分布する水鳥で、水中に潜って獲物を捕らえる。 |
| カササギ フエガラス | Australian Magpie | *Gymnorhina tibicen* | オーストラリアの固有種で縄張り意識が強い。繁殖期には近くを歩いているだけで襲われることもある。 |
| カタカケ フウチョウ | Greater Lophorina | *Lophorina superba* | 楕円形をしたマットブラックの翼を広げて求愛する。目の周りや胸元にあるターコイズブルーの柄は、何か変な生き物が笑っているようにも見える。 |

力

| 和名 | 英名 | 学名 | 説明 |
|---|---|---|---|
| カッコウ | Common Cuckoo | *Cuculus canorus* | ユーラシア大陸に広く分布。托卵し、営巣はしない。胸の模様がタカに似ている。 |
| カッコウハタオリ | Parasitic Weaver | *Anomalospiza imberbis* | アフリカ東部に分布する鳥。ハタオリドリかテンニンチョウの仲間と見られており、他の鳥の巣に托卵する。 |
| カレドニアガラス | New Caledonian Crow | *Corvus moneduloides* | 道具を自作して使うことで有名なカラス。木の枝を木の穴に突っ込んで中をほじくり出す。 |
| カワセミ | Common Kingfisher | *Alcedo atthis* | ヨーロッパから東南アジアにかけて広く分布。水辺に留まって魚を捕まえるチャンスをうかがっている姿がよく見られる水色の鳥。 |
| カワラバト | Rock Dove | *Columba livia* | もともとは南アジアに生息していたが、現在は外来種として世界各地に分布する。 |
| カンザシフウチョウ | Western Parotia | *Parotia sefilata* | 細長い飾り羽が頭に6本ついており、求愛時に頭と飾り羽を揺らしてメスを引きつける。 |
| カンムリオオツリスドリ | Crested Oropendola | *Psarocolius decumanus* | アマゾン盆地に生息。木につり下がっている巣は、細い草の茎を編んで作られている。 |
| カンムリチメドリ | Taiwan Yuhina | *Yuhina brunneiceps* | 協同繁殖をする。2組以上のつがいが集まって卵を温め、ヒナを育てる様子がよく見られる。台湾固有種。 |
| キーウィ | Kiwi | *Apteryx australis* など | ニュージーランドの固有種。全部で5種。空は飛べない。体に対する卵の大きさの割合は世界一。 |
| キジ | Common Pheasant | *Phasianus colchicus* | アジアに広く分布。日本や台湾に、それぞれ固有の亜種がいる。台湾でも、キジがお供する桃太郎の話は有名。 |
| キジオライチョウ | Greater Sage-Grouse | *Centrocercus urophasianus* | 北米に分布する大型のキジ科の鳥。集団求愛場に集まり、胸の黄色い袋を膨らませて音を立てながら求愛する。 |
| キバタン | Sulphur-crested Cockatoo | *Cacatua galerita* | オーストラリアに生息する鳥。ペットとしても愛されている。 |
| キモモマイコドリ | Red-capped Manakin | *Ceratopipra mentalis* | 中米に分布。切れのある「ムーンウォーク」を披露して求愛する。 |
| キョウジョシギ | Ruddy Turnstone | *Arenaria interpres* | 石をひっくり返して食べ物を探すのが好きな小型の水鳥。日本の南西諸島や台湾中部の沿岸部などで越冬する。 |
| キョクアジサシ | Arctic Tern | *Sterna paradisaea* | 渡りの飛行距離が一番長い鳥。北極と南極を毎年往復する。 |
| クーパーハイタカ | Cooper's Hawk | *Accipiter cooperii* | 北米でよく見られるタカ科の猛禽類。 |
| クロエリヒタキ | Black-naped Monarch | *Hypothymis azurea* | インドやネパール、東南アジアに分布し、頭から胸と背中にかけての藍色が特徴。台湾では留鳥で、中南部でよく見られる。 |

| 和名 | 英名 | 学名 | 説明 |
|---|---|---|---|
| クロガオミツスイ | Noisy Miner | *Manorina melanocephala* | オーストラリア東部に分布し、都市部に多い鳥。攻撃性が強く、同じ場所にいた他の鳥が個体数を減らすケースが相次いでいる。 |
| クロコンドル | American Black Vulture | *Coragyps atratus* | ラテンアメリカに広く分布する、腐肉を食べる鳥。 |
| クロツラヘラサギ | Black-faced Spoonbill | *Platalea minor* | 黒く長いしゃもじのようなクチバシをした鳥で、東南アジアに生息する。個体数の半分が台湾で越冬し、日本の九州などにも飛来。一時激減したが、その数は回復傾向にある。 |
| クロハサミアジサシ | Black Skimmer | *Rynchops niger* | 下クチバシが上クチバシよりも長いアジサシ。飛びながら下クチバシを水中に入れて獲物を捕らえる。アメリカに生息。 |
| コアホウドリ | Laysan Albatross | *Phoebastria immutabilis* | 北太平洋海域に生息。アホウドリの中では小柄なほうで、大小の島々で繁殖する。 |
| コウウチョウ | Brown-headed Cowbird | *Molothrus ater* | 北米に広く分布し、托卵する。 |
| コウテイペンギン | Emperor Penguin | *Aptenodytes forsteri* | 南極に分布。オウサマペンギンとは別種で、ペンギンの中で体が一番大きい。 |
| コオバシギ | Red Knot | *Calidris canutus* | 中型の水鳥で、オーストラリアへの渡りの途中で日本や台湾にも飛来する。アメリカ大陸などにも分布するが、個体数が減少中。 |
| コガモ | Eurasian/Green-winged Teal | *Anas crecca* | 世界に広く分布し、日本や台湾でも越冬する姿がよく見られるカモ。ここ数年、個体数が減少傾向にある。 |
| ゴシキドリ | Taiwan Barbet | *Psilopogon nuchalis* | 台湾固有種。標高の低い場所に広く分布し、木魚を叩いているような音を立てながら、自力で木に穴をあけて繁殖する。 |
| コシグロペリカン | Australian Pelican | *Pelecanus conspicillatus* | オーストラリアに分布。人との距離が近く、公園や学校の池などにも生息する。 |
| ゴジュウカラ | Eurasian Nuthatch | *Sitta europaea* | 日本の森林や台湾の山地に住む。木の幹を素早く移動し、樹皮の間に隠れている虫を捕まえる。 |
| コチドリ | Little Ringed Plover | *Charadrius dubius* | 日本の本州以南や台湾でよく見られる小型のチドリ。干潟や水田に集まり、泥地の浅いところにいる生き物を食べる。 |
| コトドリ | Superb Lyrebird | *Menura novaehollandiae* | ものまねが得意で、オーストラリアの森林に分布。 |
| コビトハヤブサ | Pygmy Falcon | *Polihierax semitorquatus* | アフリカに分布する小型のハヤブサ。体長が20cmほどしかなく、昆虫が主食。 |
| コミミズク | Short-eared Owl | *Asio flammeus* | 草原を好む猛禽類の渡り鳥。頭に短い羽角があり、日本や台湾本島・金門島などで越冬する。 |

| 和名 | 英名 | 学名 | 説明 |
|---|---|---|---|
| サシバ | Grey-faced Buzzard | *Butastur indicus* | 中国北部や韓国、日本で繁殖し、南方で越冬する。台湾の主な旅鳥の一つで、主に台湾の建国記念日のある10月上旬に飛来するため、「国慶鳥」とも呼ばれる。 |
| シャカイハタオリ | Sociable Weaver | *Philetairus socius* | アフリカ南部に分布。数十羽から数百羽が集団となり、一本の木に、巣をかけて繁殖する。 |
| シロアゴヨタカ | Savanna Nightjar | *Caprimulgus affinis* | 東南アジアに分布。台湾などでは都市部へと生息域を広げており、繁殖時に「ジュイッ、ジュイッ」と大声で鳴くので、その声に悩まされる人も多い。 |
| シロガシラ クロヒヨドリ | Black Bulbul | *Hypsipetes leucocephalus* | ヒマラヤで発見され、中国や台湾などで亜種が見つかった鳥。クチバシと足が赤色で、全身の羽毛は黒。夏は平地で活動し、冬になると山に移動する。主な食べ物は果実。 |
| シロチドリ | Kentish Plover | *Charadrius alexandrinus* | 日本や台湾などでよく見られる小型のチドリ。干潟の浅いところにいるハマトビムシなどを食べている。 |
| シハビタイ ジョウビタキ | Common Redstart | *Phoenicurus phoenicurus* | ヨーロッパに広く分布する小型の鳥。冬はアフリカ中部で越冬する。 |
| ズアカエナガ | Black-throated Tit | *Aegithalos concinnus* | 中国南部や東南アジアなどの山地に分布。台湾の山地でもよく見られ、よく群れで行動している。 |
| ズグロ アメリカムシクイ | Blackpoll Warbler | *Setophaga striata* | アメリカの小型の陸鳥。渡りの前には体重が2倍近くになるまで食べまくる。南米までの約3000kmを3日間不眠不休で飛びきる。 |
| ズグロガモ | Black-headed Duck | *Heteronetta atricapilla* | 南米の南部に分布し、托卵するカモ。 |
| スズメ | Eurasian Tree Sparrow | *Passer montanus* | 私たちに一番なじみの深い鳥！ 近年は個体数が減少傾向にある。 |
| スズメ目 | Passerine | *Passeriformes* | 鳥類の中で最大の分類群。鳥類の種のうち約半分を占めている。 |
| セアカモズ | Red-backed Shrike | *Lanius collurio* | ヨーロッパに分布するモズだが、日本や台湾で迷鳥の記録がある。 |
| セイタカシギ | Black-winged Stilt | *Himantopus himantopus* | 台湾でよく見られる冬鳥で、1000羽以上の群れになることも多い。日本では珍しかったが、繁殖や定住が見られるようになった。長い赤色の足をしている。 |
| ソデグロヅル | Siberian Crane | *Leucogeranus leucogeranus* | 絶滅の危機に瀕しているツル科の鳥。ロシア東部などで繁殖し、中国江西省の鄱陽（ハヨン）湖などで越冬する。日本にもまれに飛来し、台湾に迷い込んだときもある。 |
| ソリハシ セイタカシギ | Pied Avocet | *Recurvirostra avosetta* | クチバシが上に向いて曲がっている一風変わった水鳥。捕食するときはクチバシを水の中で左右に振る。台湾では冬鳥、日本では旅鳥または冬鳥。 |

| 和名 | 英名 | 学名 | 説明 |
|---|---|---|---|
| **タ** ダイシャクシギ | Eurasian Curlew | *Numenius arquata* | 渡りをする大型の水鳥。ゆるく曲がった長いクチバシで、干潟の深いところにいる食べ物を効率よく捕らえる。台湾中部の沿岸部で越冬。日本では旅鳥だが、越冬するものもいる。 |
| タカサゴモズ | Long-tailed Shrike | *Lanius schach* | 台湾などで繁殖するモズで、日本の関東以西でも観察例がある。個体数は減少中。 |
| タカ目 | Hawk & Eagle | *Accipitriformes* | タカやワシなど、昼行性の猛禽類が含まれる分類群。 |
| タマシギ | Greater Painted-Snipe | *Rostratula benghalensis* | 一妻多夫制の水鳥。メスはあちこちで卵を産み、オスが孵化とヒナの子育てを担当する。 |
| ダルマエナガ | Vinous-throated Parrotbill | *Sinosuthora webbiana* | 草地を好む鳥。台湾では群れの数が減少中。 |
| チドリ科 | Plover | *Charadriidae* | クチバシが比較的短い小型の水鳥。主に湿地の浅いところにいる生き物を食べる。 |
| チュウヒ | harrier | *Circus spilonotus* | 湿地や沢地に生息する猛禽類。鳥や湿地にいる生き物を食べる。 |
| チョウゲンボウ | Common Kestrel | *Falco tinnunculus* | 小型のハヤブサ科の猛禽類。日本では本州で繁殖するが、全国各地で越冬も見られる。台湾では冬鳥。広々とした環境を好む。 |
| チリフラミンゴ | Chilean Flamingo | *Phoenicopterus chilensis* | 南米の南部に分布するフラミンゴ。 |
| ツバメ | Barn Swallow | *Hirundo rustica* | 春から夏は台湾で軒下に巣をかけるため、観察しやすい。 |
| ツメバケイ | Hoatzin | *Opisthocomus hoazin* | 始祖鳥みたいな見た目をしている（しかし始祖鳥ではない）。ヒナの羽にはツメが生えており、クチバシのふちがギザギザになっているので、主食の木の葉を食べやすい。 |
| ツルシギ | Spotted Redshank | *Tringa erythropus* | 渡りをする水鳥。日本や台湾では旅鳥だが、まれに越冬する。 |
| トラフズク | Long-eared Owl | *Asio otus* | 森林を好むフクロウの仲間。頭に2本の羽角がある。日本では留鳥で、近距離を移動することもある。台湾では冬鳥。 |
| **ナ** ナスカカツオドリ | Nazca Booby | *Sula granti* | 中南米西部の外洋に分布。先に生まれたヒナが、あとから生まれたヒナを巣から追い出していることが明らかになった。 |
| ニシオオヨシキリ | Great Reed Warbler | *Acrocephalus arundinaceus* | ヨーロッパに分布するヨシキリ科の鳥。 |
| ニュウナイスズメ | Russet Sparrow | *Passer cinnamomeus* | 一般的なスズメとは別の種で、頬に黒い斑点がなく、羽が赤みを帯びている。林や山地を好み、日本や台湾などでも減少が危惧されている。 |

| 和名 | 英名 | 学名 | 説明 |
|------|------|------|------|
| ノドアカハチドリ | Ruby-throated Hummingbird | *Archilochus colubris* | アメリカ東部で繁殖し、渡りをするハチドリ。メキシコ湾を横断して中米で越冬する。 |
| ノドグロハチドリ | Black-chinned Hummingbird | *Archilochus alexandri* | 北米でよく見られるハチドリ。砂糖水を入れたフィーダーを庭先に置くと常客になってくれる。 |
| ノドグロミツオシエ | Greater Honeyguide | *Indicator indicator* | アフリカに分布。ハチの巣を見つけると鳴き声を上げて人に蜜のありかを教え、人が残したハチミツとミツロウを食べる。托卵する。 |
| ノドグロヤイロチョウ | Noisy Pitta | *Pitta versicolor* | オーストラリアとニューギニアに分布し、乾李には内陸部から沿岸部へと渡る鳥。 |
| ハイイロタチヨタカ | Common Potoo | *Nyctibius griseus* | 中南米に分布。見た目がヨタカによく似ている。木の幹に擬態しているときはピクリとも動かない。 |
| ハイイロホシガラス | Clark's Nutcracker | *Nucifraga columbiana* | 北米の北西部の山地に生息する。松の実を隠した場所を数千か所、記憶できる。 |
| ハイタカ | Eurasian Sparrowhawk | *Accipiter nisus* | ユーラシア大陸の温帯に生息する猛禽類。日本では留鳥で、近距離を移動することもある。台湾では旅鳥で、まれに冬鳥。 |
| ハイムネメジロ | Silvereye | *Zosterops lateralis* | オーストラリアとニュージーランドに分布するメジロ科の鳥。花の蜜が主食。 |
| ハクセキレイ | White Wagtail | *Motacilla alba* | 日本や台湾などで繁殖する身近な鳥。尾羽を上下させながら歩き、夜になると明るい街角に集まって眠る。 |
| ハクトウワシ | Bald Eagle | *Haliaeetus leucocephalus* | アメリカの事実上の国章に描かれているのがこのワシ。アメリカの国鳥でもあり、同国北部とカナダに広く分布している。 |
| ハシグロヒタキ | Northern Wheatear | *Oenanthe oenanthe* | スズメ目の中では渡りの距離が一番長い。アラスカからアジアを越えてアフリカで越冬する。 |
| ハシビロガモ | Northern Shoveler | *Spatula clypeata* | 日本や台湾などに飛来して越冬するカモ。クチバシがスプーンのように広い。 |
| ハシブトヤンニョムシクイ | Large-billed Gerygone | *Gerygone magnirostris* | オーストラリア北部とニューギニアに分布。同類の鳥の中でもクチバシが特に頑丈。 |
| ハネビロノスリ | Broad-winged Hawk | *Buteo platypterus* | アメリカに分布し、渡りをする猛禽類。 |
| ハヤブサ | Peregrine Falcon | *Falco peregrinus* | 世界に広く分布するハヤブサ。日本や台湾などで繁殖する群れもいる。 |
| ハヤブサ目 | Falcon & Caracara | *Falconiformes* | 以前はタカの仲間だと考えられていたが、実はオウムに近い猛禽類。 |
| ヒメコンドル | Turkey Vulture | *Cathartes aura* | アメリカに広く分布。嗅覚が鋭く、腐肉を食べる。 |
| ヒメサバクガラス | Ground Tit | *Pseudopodoces humilis* | インド、ネパール、中国（チベット高原）に分布。以前はカラス科の一種と見られていたが、研究によってシジュウカラの一種であることが分かった。 |

| 和名 | 英名 | 学名 | 説明 |
|---|---|---|---|
| フォーゲルコップ カタカケフウチョウ | Vogelkop Lophorina | *Lophorina niedda* | カタカケフウチョウとよく似ているが、2018年に新種であることが分かった。求愛ダンスもカタカケフウチョウとは違う。 |
| ベニイタダキ アメリカムシクイ | Slate-throated Redstart | *Myioborus miniatus* | 中南米に住み、黒と白の尾羽を広げたり閉じたりして昆虫を驚かせて捕まえる。 |
| ヘラシギ | Spoon-billed Sandpiper | *Calidris pygmaea* | クチバシの先がスプーンのような形をしている渡り鳥。絶滅が危惧され、国境を越えた保護計画が進められている。 |
| ホシムクドリ | Common Starling | *Sturnus vulgaris* | もともとはヨーロッパに生息していたが、現在は外来種として世界各地に分布している紫色のムクドリ。 |
| マキバタヒバリ | Meadow Pipit | *Anthus pratensis* | ヨーロッパに分布するセキレイ科の鳥。温帯はもちろん寒帯の気候にも強く、アイスランドやグリーンランドでも繁殖できる。 |
| マミハウチワドリ | Tawny-flanked Prinia | *Prinia subflava* | アフリカでよく見られるハウチワドリ。カッコウハタオリからしょっちゅう托卵されてしまう。 |
| マメハチドリ | Bee Hummingbird | *Mellisuga helenae* | キューバに生息する、世界で一番小さな鳥。世界最大の鳥として知られるダチョウの目よりも小さい。 |
| ミサゴ | Osprey | *Pandion haliaetus* | 世界中で見られる、魚を捕る猛禽類。だが魚が強いと水中に引きずり込まれておぼれ死ぬこともある。 |
| ミナミメジロ | Swinhoe's White-eye | *Zosterops simplex* | 都市部でも生息できる、台湾で身近な鳥。日本のメジロ（Zosterops japonicus）とは別種だが、よく似ている。 |
| ミユビシギ | Sanderling | *Calidris alba* | 渡りをする水鳥。群れを作って海岸で食べ物探しに動き回る姿は波と戯れているように見える。日本では旅鳥または冬鳥、台湾では冬鳥。 |
| ムナオビ トサカゲリ | Banded Lapwing | *Vanellus tricolor* | オーストラリアに分布し、乾季には内陸部から沿岸部に移動する渡り鳥。 |
| ムナグロ | Pacific Golden Plover | *Pluvialis fulva* | 日本では旅鳥または冬鳥、台湾では冬鳥。ヒナの見た目は沼や湿地のコケによく似ている。 |
| メキシコカケス | Mexican Jay | *Aphelocoma wollweberi* | アメリカ南西部とメキシコの山間部に分布し、ハチドリの卵やヒナを食べる。 |
| メジロチメドリ | Morrison's Fulvetta | *Alcippe morrisonia* | 台湾の固有種で、山地の標高が低い場所から中程度の辺りに分布する。 |
| メンフクロウ | Barn Owl | *Tyto alba* | 東南アジアを除き、ほぼ世界中に広く分布する、典型的なメンフクロウ科の猛禽類。 |
| モモアカノスリ | Harris's Hawk | *Parabuteo unicinctus* | ラテンアメリカの猛禽類。仲間と協力して狩りをする習性がある。飼育しやすい猛禽類。 |
| モリフクロウ | Tawny Owl | *Strix aluco* | ユーラシア大陸に広く分布する中型のフクロウ。 |
| ヤイロチョウ | Fairy Pitta | *Pitta nympha* | 日本や台湾では夏鳥。冬場は中国やボルネオ島で越冬する。個体数は減少傾向にある。 |

マ

ヤ

| 和名 | 英名 | 学名 | 説明 |
|------|------|------|------|
| ヤツガシラ | Eurasian Hoopoe | *Upupa epops* | ユーラシア大陸とアフリカに分布。日本では旅鳥、台湾の金門島では留鳥。頭に黄褐色の冠羽が生えているのですぐに分かる。 |
| ヤブドリ | Steere's Liocichla | *Liocichla Steerii* | 台湾の固有種。イギリスの外交官として台湾の領事も務め、博物学者でもあったロバート・スウィンホー（Robert Swinhoe、1836年9月1日–1877年10月28日）が最後に命名した鳥。 |
| ヤマムスメ | Taiwan Blue Magpie | *Urocissa caerulea* | 兄や姉が親鳥の子育てを手伝って協同繁殖をする、台湾の固有種。 |
| ヤリハシハチドリ | Sword-billed Hummingbird | *Ensifera ensifera* | ハチドリの中で一番長いクチバシをしており、自分の体長よりも長い。そのため一般向けの科学書にもよく登場している。南米に分布。 |
| ユーラシアカササギ | Common Magpie | *Pica pica* | ユーラシア大陸に広く分布し、鏡に映る自分の姿を自己として認識できることで知られている。 |
| ユキヒメドリ | Dark-eyed Junco | *Junco hyemalis* | 北米に広く分布する小型の鳥。 |
| ヨウム | Grey Parrot | *Psittacus erithacus* | コンゴ民主共和国をはじめとするアフリカ中西部の森林地帯に分布。絶滅が危ぶまれているため、ペットには推奨されない。 |
| ヨーロッパアマツバメ | Common Swift | *Apus apus* | ヨーロッパでよく見られるアマツバメ。飛びながら眠るだけでなく、捕食も排泄も交配もすべて飛行中にやってしまう。 |
| ヨーロッパカヤクグリ | Dunnock | *Prunella modularis* | ヨーロッパに分布し、繁殖期にはカッコウからしょっちゅう托卵のターゲットにされている。 |
| ヨーロッパコマドリ | European Robin | *Erithacus rubecula* | ヨーロッパに広く分布。現地で「ロビン（robin）」と言えば通常、ツグミではなくこの鳥のこと。 |
| ヨーロッパジシギ | Great Snipe | *Gallinago media* | 渡りのときの最高速度は、時速97km。北欧から越冬地のアフリカまで、6800kmを休みなしで飛び続ける。 |
| ヨーロッパシジュウカラ | Great Tit | *Parus major* | ヨーロッパでよく見られるシジュウカラ科の鳥。研究対象として頻繁に取り上げられている。 |
| ヨーロッパヒメウ | European Shag | *Phalacrocorax aristotelis* | ヨーロッパや地中海沿岸に分布するウ。仲間が魚を捕っているのを見たら自分も捕りにいく。 |
| ヨーロッパフラミンゴ | Greater Flamingo | *Phoenicopterus roseus* | 南アジアとアフリカに分布。湖に大集合して湖面を一面ピンク色に染めている姿がよく見られる。 |
| ヨーロッパヨシキリ | Eurasian Reed Warbler | *Acrocephalus scirpaceus* | ヨーロッパに広く分布するヨシキリ科の鳥。背の高い草の生えている水辺で活動するのを好む。 |
| ライチョウ | Rock Ptarmigan | *Lagopus muta* | 標高の高い場所に生息し、冬季の積雪時は羽の色が真っ白に生え変わる。 |
| リュウキュウヨシゴイ | Cinnamon Bittern | *Ixobrychus cinnamomeus* | アジア固有の栗色をした小型のサギ。よく首を伸ばしてクチバシを空に向け、草むらの中に隠れている。 |

ラ

| 和名 | 英名 | 学名 | 説明 |
|---|---|---|---|
| ルリオーストラリア ムシクイ | Superb Fairywren | *Malurus cyaneus* | オーストラリアでよく見られる小型の鳥。草地を好み、よく小さな群れ単位で活動している。 |
| ルリオハチクイ | Blue-tailed Bee-eater | *Merops philippinus* | 東南アジアに分布。その美しさから、夏の繁殖地の一つ、台湾の金門島を訪ねる人も多い。台北市立動物園でも飼育されている。主に昆虫を食べる。 |
| レイサンマガモ | Laysan Duck | *Anas laysanensis* | 分布範囲が世界で一番狭い鳥で、生息域はわずか3km²前後。 |
| レンカク | Pheasant-tailed Jacana | *Hydrophasianus chirurgus* | インド、東南アジアなどに分布し、台湾ではもっぱら台南市官田区のヒシ畑に集まって繁殖する。一妻多夫制。日本でもまれに見られる。 |
| ロッキースズメ フクロウ | Mountain Pygmy Owl | *Glaucidium gnoma* | 北米西部の山間部に分布する小型のフクロウ。 |
| ワタリアホウドリ | Wandering Albatross | *Diomedea exulans* | 左右の翼を広げた長さが3mを超え、世界一。脅威にさらされて個体数が減少中。 |

ワ

# 用語集

| 用語 | 英語 | 説明 |
|---|---|---|
| **あ** 足踏み採餌 | foot-trembling | 鳥が湿地の泥の中で足踏みするようにして、それに驚いて出てきた虫を食べること。 |
| 一妻多夫制 | polyandry | 動物の夫婦関係の一つで、1匹のメスと複数のオスがペアになる。 |
| 一斉孵化 | synchronize hatching | 一つの巣の中で、複数の卵が同時に孵化すること。 |
| 一夫一婦制 | monogamy | 動物の夫婦関係の一つで、1匹のオスと1匹のメスがペアになる。 |
| 一夫多妻制 | polygyny | 動物の夫婦関係の一つで、1匹のオスと複数のメスがペアになる。 |
| 羽衣 | plumage | 1羽の鳥に生えている羽全体のこと。 |
| **か** カモフラージュ | camouflage | 自分の見た目を捕食者の目に留まらないようなものに似せて、見つからないようにすること。 |
| 希釈効果 | dilution effect | 群れで行動することで自分が天敵に捕まる確率が下がること。 |
| 擬傷行動 | injury feigning | 親鳥がケガをしたふりをして天敵を引きつけ、ヒナのいるところから遠ざけること。 |
| 擬態 | mimicry | ある生き物が他の生き物に姿を似せること。天敵に食べられる確率が減るといった何らかのメリットがある。 |
| 休眠状態 | torpor | 鳥が眠っている間、体温と代謝速度が低下して省エネ状態になること。 |
| 協同繁殖 | cooperative breeding | つがい以外も子育てに協力し、繁殖プロセスをおこなうこと。 |
| クリプトクロム | cryptochrome | 動植物の体内にある青色光受容体。植物の成長や発育、さまざまなサイクルを制御する。鳥は磁場の感知に用いる。 |
| 警戒音 | alarm call | 鳥が周囲に警戒を呼びかける鳴き声。 |
| 婚外交尾 | extra pair copulation | 動物が外に恋人を作ること。自分のパートナー以外の個体と交尾すること。 |
| コンタクトコール | contact call | 鳥が仲間とコミュニケーションを取るときの鳴き声。 |
| **さ** さえずり | song | 主に求愛や縄張りを宣言するときの鳴き声。通常は用途により旋律が変わる。 |
| 紫外線 | ultraviolet、UV | 波長が200〜400nm（ナノメートル）の電磁波。 |

| 用語 | 英語 | 説明 |
|---|---|---|
| 趾行性 | digitigrade | 犬や猫、鳥、ゾウ、恐竜のように、歩行の際につま先だけを地面につける歩き方。 |
| 地鳴き | call | 警戒音をはじめとする、さえずり以外の鳴き声。通常は単調な声。 |
| ジメチルスルフィド | dimethyl sulfide、DMS | ある種のタンパク質が分解されることによって発生する揮発性物質で、海鳥を引きつける磯の香りがする。 |
| 集団求愛場 | lek | 動物が集団で結婚相手を探す場所。 |
| 収斂進化<br>（しゅうれんしんか） | convergent evolution | 近縁ではない生き物同士なのに、生息地の環境が似ていることで同じような見た目に進化すること。 |
| 蹠行性<br>（しょこうせい） | plantigrade | 人のように、足の裏全体を地面につけて移動する歩き方。 |
| 性的二型<br>（せいてきにけい） | sexual dimorphism | オスとメスの個体の見た目が全然違うこと。 |
| 性的二型の逆転 | reversed sexual dimorphism | メスとオスの外見がはっきり異なっているが、ほとんどの生き物と違って、メスのほうがオスよりも目立つ見た目をしていること。（例：メスのほうがオスよりも美しく体が大きい。） |
| 性淘汰（性選択）<br>（せいとうた） | sexual selection | 繁殖によって進化が起きるメカニズム。 |
| 総排泄腔のキス<br>（そうはいせつこう） | cloacal kiss | 総排泄腔を接触させることでおこなう交尾。 |
| 側系統群 | paraphyletic group | 進化の分岐群の中で、共通の祖先を持つ生物の中の一部の生物群。 |
| 対向流熱交換系 | countercurrent exchange | 血液の流れる方向と温度が異なる血管同士が熱交換をおこなうことによって、一定の体温を保つメカニズム。 |
| 托卵<br>（たくらん） | brood parasitism | 卵を他の鳥の巣に産んで、抱卵から給餌まで全部その鳥（仮親）にさせること。 |
| 単系統群 | monophyletic group | 共通の祖先を持つすべての生物の生物群。 |
| 中継地 | stop-over site | 鳥が渡るときに、途中で休憩したり食べ物を食べたりする場所。 |
| 蹄行性<br>（ていこうせい） | unguligrade | 馬のように、蹄だけを地面につけて移動する歩き方。 |
| 非同時孵化<br>（ふか） | asynchronous hatching | 一つの巣の中で、複数の卵の孵化する時期がずれていること。 |
| 飛鳴<br>（ひめい） | flight call | 鳥類が飛行中に出す鳴き声。 |
| ベギングコール | begging call | ヒナドリが食べ物をねだるときの鳴き声。 |

た

は

| 用語 | 英語 | 説明 |
|---|---|---|
| ペプシン | pepsin | 脊椎動物の胃液の中にあるタンパク質分解酵素。 |
| ペリット | pellet | 骨や羽毛など、食べ物の中で消化できなかった部分を鳥類が口から吐き出したかたまり。 |
| ヘルパー制 | helpers-at-the-nest | 協同繁殖の形態の一つ。子育てをヘルパーと分担しておこなう。ヘルパーは通常、先に生まれた兄や姉だが、ヘルパー中に子孫を残すとは限らない。 |
| 抱卵斑<br>（ほうらんはん） | brood patch | 鳥が卵を温めるときにおなかの羽毛が抜け落ちた部分。皮膚を直接卵にくっつけるので、卵に体温がよく伝わる。 |
| モビングコール | mobbing call | 鳥が仲間を集めて天敵を追い払うときに発する鳴き声。 |
| リンコキネシス | rhynchokinesis | 一部のシギ科の水鳥のクチバシには弾性があって曲げることができ、泥の中の生き物を食べやすい。 |
| 労働寄生 | kleptoparasitism | 他の動物が手に入れた食べ物を奪って食べること。 |

ま

ら

# 参考文献

1. IOC World Bird List Version 12.2

2. Collar NJ et al. 2015. The number of species and subspecies in the Red-bellied Pitta Erythropitta erythrogaster complex, a quantitative analysis of morphological characters. *Forktail* 31, pp.13-23.

3. Jetz W et al. 2012. The global diversity of birds in space and time. *Nature* 491, pp.444-448.

4. Prum RO et al. 2015. A comprehensive phylogeny of birds（Aves）using targeted next generation DNA sequencing. *Nature* 526, pp.569-573.

5. Newton I. 2003. *The speciation and biogeography of birds*. Academic Press.

6. Estrella SM, Masero JA. 2007. The use of distal rhynchokinesis by birds feeding in water. *Journal of Experimental Biology* 210, pp.3757-3762.

7. Chang Y-H, Ting LH. 2017. Mechanical evidence that flamingos can support their body on one leg with little active muscular force. *Biology letters* 13（5）, DOI：10.1098/rsbl.2016.0948.

8. Godefroit P et al. 2014. A Jurassic ornithischian dinosaur from Siberia with both feathers and scales. *Science* 345, pp.451-455.

9. Stevens M et al. 2017. Improvement of individual camouflage through background choice in ground-nesting birds. *Nature Ecology & Evolution* 1, pp.1325-1333.

10. Burton RF. 2008. The scaling of eye size in adult birds, relationship to brain, head and body sizes. *Vision Research* 48, pp.2345-2351.

11. Fernández-Juricic E et al. 2004. Visual perception and social foraging in birds. *Trends in Ecology & Evolution* 19, pp.25-31.

12. Siefferman L et al. 2007. Sexual dichromatism, dimorphism, and condition-dependent coloration in blue-tailed bee-eaters. *The Condor* 109, pp.577-584.

13. Viitala J et al. 1995. Attraction of kestrels to vole scent marks visible in ultraviolet light. *Nature* 373, pp.425-427.

14. Šulc M et al. 2015. Birds use eggshell UV reflectance when recognizing non-mimetic parasitic eggs. *Behavioral Ecology* 27, pp.677-684.

15. Jourdie V et al. 2004. Ultraviolet reflectance by the skin of nestlings. *Nature* 431, p.262.

16. Bize P et al. 2006. A UV signal of offspring condition mediates context-dependent parental favouritism. *Proceedings of the Royal Society B, Biological Sciences* 273, p.2063-2068.

17. Brinkløv S et al. 2013. Echolocation in Oilbirds and swiftlets. *Frontiers in Physiology* 4, 123.

18. Cunningham SJ et al. 2010. Bill morphology or Ibises suggests a remote-tactile sensory system for prey detection. *The Auk* 127, pp.308-316.

19. Piersma T et al. 1998. A new pressure sensory mechanism for prey detection in birds, the use of principles of seabed dynamics?. *Proceedings of the Royal Society of London. Series B, Biological Sciences* 265, pp.1377-1383.

20. Seneviratne SS, Jones IL. 2008. Mechanosensory function for facial ornamentation in the whiskered auklet, a crevice-dwelling seabird. *Behavioral Ecology* 19, pp.784-790.

21. Thorogood R et al. 2018. Social transmission of avoidance among predators facilitates the spread of novel prey. *Nature Ecology & Evolution* 2, pp.254-261.

22. Martin GR et al. 2007. Kiwi forego vision in the guidance of their nocturnal activities. *PLoS ONE* 2, e198.

23. Grigg NP et al. 2017. Anatomical evidence for scent guided foraging in the turkey vulture. *Scientific Reports* 7, pp.1-10.

24. Nevitt GA et al. 2008. Evidence for olfactory search in wandering albatross, Diomedea exulans. *PNAS* 105, pp.4576-4581.

25. Leclaire S et al. 2017. Blue petrels recognize the odor of their egg. *Journal of Experimental Biology* 220, pp.3022-3025.

26. Whittaker DJ et al. 2019. Experimental evidence that symbiotic bacteria produce chemical cues in a songbird. *Journal of Experimental Biology* 222, jeb202978.

27. Kahl JrMP. 1963. Thermoregulation in the wood stork, with special reference to the role of the legs. *Physiological Zoology* 36, pp.141-151.

28. Tattersall GJ et al. 2009. Heat exchange from the toucan bill reveals a controllable vascular thermal radiator. *Science* 325, pp.468-470.

29. Ancel A et al. 2015. New insights into the huddling dynamics of emperor penguins. *Animal Behaviour* 110, pp.91-98.

30. Marzluff JM et al. 2012. Brain imaging reveals neuronal circuitry underlying the crow's perception of human faces. *PNAS* 109, DOI：10.1073/pnas.1206109109.

31. Prior II et al. 2008. Mirror-Induced Behavior in the Magpie (Pica pica), Evidence of Self-Recognition. *PLoS Biology*, DOI：10.1371/journal.pbio.0060202.

32. Olkowicz S et al. 2016. Birds have primate-like numbers of neurons in the forebrain. *PNAS* 113, pp.7255-7260.

33. Weimerskirch H et al. 2016. Frigate birds track atmospheric conditions over months-long transoceanic flights. *Science* 353, pp.74-78.

34. Hedenström A et al. 2016. Annual 10-month aerial life phase in the common swift Apus apus. *Current Biology* 26, pp.3066-3070.

35. Krüger K et al. 1982. Torpor and metabolism in hummingbirds. *Comparative Biochemistry and Physiology Part A, Physiology* 73, pp.679-689.

36. Riyahi S et al. 2013. Beak and skull shapes of human commensal and non-commensal house sparrows Passer domesticus. *BMC Evolutionary Biology* 13, 200.

37. Hutchins HE et al. 1982. The central role of Clark's nutcracker in the dispersal and establishment of whitebark pine. *Oecologia* 55, pp.192-201.

38. Rico-Guevara A et al. 2011. The hummingbird tongue is a fluid trap, not a capillary tube. *PNAS* 108, pp.9356-9360.

39. Rico-Guevara A et al. 2015. Hummingbird tongues are elastic micropumps. *Proceedings of the Royal Society B, Biological Sciences* 282, DOI : 10.1098/rspb.2015.1014.

40. Tello-Ramos MC et al. 2015. Time-place learning in wild, free-living hummingbirds. *Animal Behaviour* 104, pp.123-129.

41. Temeles EJ et al. 2006. Traplining by purple-throated carib hummingbirds, behavioral responses to competition and nectar availability. *Behavioral Ecology and Sociobiology* 61, pp.163-172.

42. Coulson JO, Coulson TD. 2013 Reexamining cooperative hunting in Harris's Hawk (Parabuteo unicinctus), large prey or challenging habitats?. *The Auk* 130, pp.548-552.

43. Payne RS. 1971. Acoustic location of prey by barn owls (Tyto alba), *Journal of Experimental Biology* 54, pp.535-573.

44. San-Jose LM et al. 2019. Differential fitness effects of moonlight on plumage colour morphs in barn owls. *Nature Ecology & Evolution* 3, pp.1331-1340.

45. Sustaita D et al. 2018. Come on baby, let's do the twist, the kinematics of killing in loggerhead shrikes. *Biology Letters* 14 (9), DOI : 10.1098/rsbl.2018.0321.

46. Mumme RL. 2002. Scare tactics in a Neotropical warbler, White tail feathers enhance flush-pursuit foraging performance in the Slate-throated Redstart (Myioborus miniatus). *The Auk* 119, pp.1024-1035.

47. Nyffeler M et al. 2018. Insectivorous birds consume an estimated 400-500 million tons of prey annually. *The Science of Nature* 105 (47), DOI:10.1007/s00114-018-1571-z.

48. Osborne BC. 1982. Foot-trembling and feeding behaviour in the Ringed Plover Charadrius hiaticula. *Bird Study* 29, pp.209-212.

49. Gutiérrez JS, Soriano-Redondo A. 2018. Wilson's Phalaropes can double their feeding rate by associating with Chilean Flamingos. *Ardea* 106, pp.131-138.

50. Evans JC et al. 2019. Social information use and collective foraging in a pursuit diving seabird. *PLoS ONE* 14 (9), e0222600.

51. Vickery JA, Brooke MDL. 1994. The kleptoparasitic interactions between great frigatebirds and masked boobies on Henderson Island, South Pacific. *The Condor* 96, pp.331-340.

52. Goumas M et al. 2019. Herring gulls respond to human gaze direction. *Biology Letters* 15 (8), DOI: 10.1098/rsbl.2019.0405

53. Savoca MS et al. 2016. Marine plastic debris emits a keystone infochemical for olfactory foraging seabirds. *Science Advances* 2 (11), e1600395.

54. Budka M et al. 2018. Vocal individuality in drumming in great spotted woodpecker-A biological perspective and implications for conservation. *PLoS ONE* 13 (2), e0191716.

55. Templeton CN et al. 2005. Allometry of alarm calls, black-capped chickadees encode information about predator size. *Science* 308, pp.1934-1937.

56. Templeton CN, Greene E. 2007. Nuthatches eavesdrop on variations in heterospecific chickadee mobbing alarm calls. *PNAS* 104, pp.5479-5482.

57. 蔡育倫。2005。薮鳥鳴唱声的地理変異（ヤブドリの鳴き声の地理的変異）。国立台湾大学森林環境・資源学研究所学位論文。

58. Krause J, Ruxton GD. 2002. *Living in groups*. Oxford University Press.

59. 林大利。2012。当我們同在一起：動物群体生活之利与弊（私たちが一緒にいるとき：動物の集団生活のメリットとデメリット）。自然保育季刊。80, pp.4-11。

60. Connelly JW et al. 2004. *Conservation assessment of greater sage-grouse and sagebrush habitats*. All U. S. Government Documents（Utah Regional Depository）.

61. Küpper C et al. 2016. A supergene determines highly divergent male reproductive morphs in the ruff. *Nature Genetics* 48, pp.79-83.

62. Lamichhaney S et al. 2016. Structural genomic changes underlie alternative reproductive strategies in the ruff（Philomachus pugnax）. *Nature Genetics* 48, pp.84-88.

63. Kempenaers B, Valcu M. 2017. Breeding site sampling across the Arctic by individual males of a polygynous shorebird. *Nature* 541, pp.528-531.

64. Lesku JA et al. 2012. Adaptive sleep loss in polygynous pectoral sandpipers. *Science* 337, pp.1654-1658.

65. McCoy DE et al. 2018. Structural absorption by barbule microstructures of super black bird of paradise feathers. *Nature Communications* 9, 1.

66. Edelman AJ, McDonald DB. 2014. Structure of male cooperation networks at long-tailed manakin leks. *Animal Behaviour* 97, pp.125-133.

67.  Fang Y-T et al. 2018. Asynchronous evolution of interdependent nest characters across the avian phylogeny. *Nature Communications* 9, 1863.

68.  Petit C et al. 2002. Blue tits use selected plants and olfaction to maintain an aromatic environment for nestlings. *Ecology Letters* 5, pp.585-589.

69.  Levey DJ et al. 2004. Use of dung as a tool by burrowing owls. *Nature* 431, p.39.

70.  Gehlbach FR, Baldridge RS. 1987. Live blind snakes (Leptotyphlops dulcis) in eastern screech owl (Otus asio) nests, a novel commensalism. *Oecologia* 71, pp.560-563.

71.  Greeney HF et al. 2015. Trait-mediated trophic cascade creates enemy-free space for nesting hummingbirds. *Science Advances* 1 (8) , e1500310.

72.  Collias EC, Collias NE. 1978. Nest building and nesting behaviour of the Sociable Weaver Philetairus socius. *Ibis* 120, pp.1-15.

73.  Morgan SM et al. 2003. Foot-mediated incubation, Nazca booby (Sula granti) feet as surrogate brood patches. *Physiological and Biochemical Zoology* 76, pp.360-366.

74.  Anderson DJ. 1989. The role of hatching asynchrony in siblicidal brood reduction of two booby species. *Behavioral Ecology and Sociobiology* 25, pp.363-368.

75.  Humphreys RK, Ruxton GD. 2020. Avian distraction displays, a review. *Ibis* 162, pp.1125-1145

76.  Krüger O. 2005. The evolution of reversed sexual size dimorphism in hawks, falcons and owls, a comparative study. *Evolutionary Ecology* 19, pp.467-486.

77.  Slagsvold T, Sonerud GA. 2007. Prey size and ingestion rate in raptors, importance for sex roles and reversed sexual size dimorphism. *Journal of Avian Biology* 38, pp.650-661.

78.  https://www.fws.gov/refuge/midway-atoll

79. https://usfwspacific.tumblr.com/post/182616811095/wisdom-has-a-new-chick

80. Stoddard MC, Hauber ME. 2017. Colour, vision and coevolution in avian brood parasitism. *Philosophical Transactions of the Royal Society B, Biological Sciences*, DOI：10.1098/rstb.2016.0339.

81. Stevens M. 2013. Bird brood parasitism. *Current Biology* 23, pp.R909-R913.

82. Emlen ST, Vehrencamp SL. 1983. Cooperative breeding strategies among birds. *Perspectives in Ornithology*, pp.93-134. Cambridge University Press.

83. 劉小如。1998。陽明山公園内台湾藍鵲合作生殖之研究（陽明山公園におけるヤマムスメの協同繁殖に関する研究）。陽明山国立公園管理処の委託研究計画。

84. Yuan H-W et al. 2004. Joint nesting in Taiwan Yuhinas, a rare passerine case. *The Condor* 106, pp.862-872.

85. Yuan H-W et al. 2005. Group-size effects and parental investment strategies during incubation in joint-nesting Taiwan Yuhinas（Yuhina brunneiceps）. *The Wilson Journal Bullentin* 117, pp.306-312.

86. Newton I. 2007. *The Migration Ecology of Birds*. Academic Press.

87. Kuo Y et al. 2013. Bird Species Migration Ratio in East Asia, Australia, and Surrounding Islands. *Naturwissenschaften* 100, pp.729-738.

88. https://www.birdlife.org/asia/programme-additional-info/migratory-birds-and-flyways-asia-wiki

89. Wiegardt A et al. 2017. Postbreeding elevational movements of western songbirds in Northern California and Southern Oregon. *Ecology and Evolution* 7, pp.7750-7764.

90. Nisbet ICT et al. 1963. Weight-loss during migration Part I, Deposition and consumption of fat by the Blackpoll Warbler Dendroica striata. *Bird-banding* 34, pp.107-138.

91. DeLuca WV et al. 2015. Transoceanic migration by a 12 g songbird. *Biology Letters* 11 (4) , DOI: 10.1098/rsbl.2014.1045.

92. Hargrove JL. 2005. Adipose energy stores, physical work, and the metabolic syndrome, lessons from hummingbirds. *Nutrition Journal* 4, 36.

93. Alerstam T. 2009. Flight by night or day? Optimal daily timing of bird migration. *Journal of Theoretical Biology* 258, pp.530-536.

94. Portugal SJ et al. 2014. Upwash exploitation and downwash avoidance by flap phasing in ibis formation flight. *Nature* 505, pp.399-402.

95. Wiltschko W et al. 2009. Avian orientation, the pulse effect is mediated by the magnetite receptors in the upper beak. *Proceedings of the Royal Society B, Biological Sciences* 276, pp.2227-2232.

96. Wiltschko R, Wiltschko W. 2009. Avian navigation. *The Auk* 126, pp.717-743.

97. Tseng W et al. 2017. Wintering ecology and nomadic movement patterns of Short-eared Owls Asio flammeus on a subtropical island. *Bird Study* 64, pp.317-327.

98. Saino N et al. 2010. Sex-related variation in migration phenology in relation to sexual dimorphism, a test of competing hypotheses for the evolution of protandry. *Journal of Evolutionary Biology* 23, pp.2054-2065.

99. Ma Z et al. 2014. Rethinking China's new great wall. *Science* 346, pp.912-914.

100. Studds CE et al. 2017. Rapid population decline in migratory shorebirds relying on Yellow Sea tidal mudflats as stopover sites. *Nature Communications* 8, 14895.

101. Cabrera-Cruz SA et al. 2018. Light pollution is greatest within migration passage areas for nocturnally-migrating birds around the world. *Scientific Reports* 8, 3261

102. van Gils JA et al. 2016. Body shrinkage due to Arctic warming reduces red knot fitness in tropical wintering range. *Science* 352, pp.819-821.

103. Horton KG et al. 2020. Phenology of nocturnal avian migration has shifted at the continental scale. *Nature Climate Change* 10, pp.63-68.

104. Freeman BG et al. 2018. Climate change causes upslope shifts and mountaintop extirpations in a tropical bird community. *PNAS* 115, pp.11982-11987.

105. 丁宗蘇。2014。氣候變遷之高山生態系指標物種研究 - 鳥類指標物種調查及脆弱度分析（気候が変動する高山生態系の指標種に関する研究 - 鳥類指標種の調査と脆弱度の分析）。玉山国立公園管理処の委託研究計画。

106. Gill JrRE et al. 2009. Extreme endurance flights by landbirds crossing the Pacific Ocean, ecological corridor rather than barrier?. *Proceedings of the Royal Society B, Biological Sciences* 276, pp.447-457.

107. Egevang C et al. 2010. Tracking of Arctic terns Sterna paradisaea reveals longest animal migration. *PNAS* 107, pp.2078-2081.

108. Bishop CM et al. 2015. The roller coaster flight strategy of bar-headed geese conserves energy during Himalayan migrations. *Science* 347, pp.250-254.

109. Klaassen RHG et al. 2011. Great flights by great snipes, long and fast non-stop migration over benign habitats. *Biology Letters* 7 (6), pp.833-835.

Bye ~

## 鳥類学が教えてくれる「鳥」の秘密事典

2023年1月15日　　　初版第1刷発行

| | | | |
|---|---|---|---|
| 著者 | 陳 湘静、林 大利 | 校正 | 株式会社ヴェリタ、曽根信寿 |
| 監修者 | 今泉忠明 | 本文組版 | 笹沢記良<br>（クニメディア株式会社） |
| 訳者 | 牧髙光里 | | |
| 発行者 | 小川 淳 | 編集 | 田上理香子<br>（SBクリエイティブ株式会社） |
| 発行所 | SBクリエイティブ株式会社<br>〒106-0032 東京都港区六本木 2-4-5<br>電話：03-5549-1201（営業部） | | |
| 印刷・製本 | 株式会社シナノ パブリッシング プレス | | |

本書をお読みになったご意見・ご感想を
下記URL、右記QRコードよりお寄せください。
https://isbn2.sbcr.jp/17448/